高职高专电子信息类“十二五”规划教材

《多媒体技术基础与应用(第二版)》项目实训指导

曾广雄　编著

西安电子科技大学出版社

内 容 简 介

本书是在第一版的基础上根据普通高等教育"十二五"国家级规划教材的指导精神而编写的。本书是《多媒体技术基础与应用(第二版)》(曾广雄编著，西安电子科技大学出版社出版)的配套用书。

本书从多媒体技术应用出发，通过拓展训练项目来学习多媒体数据处理、多媒体网络应用和系统开发等实践技能。全书分为6个学习单元：多媒体技术的应用和发展、多媒体计算机系统的组成和应用、多媒体数据的压缩、视频编辑和音频编辑、多媒体网络与通信技术、多媒体应用开发。本书的配套软件及资源见光盘。

本书在编写过程中按照目标、任务、方法、实施和评测的模式开展训练，充分体现了素质提高与技能训练相结合的职业教育理念，有利于读者扎实掌握所学的技能。

本书实践教学任务定位准确、由浅入深，十分适合高职专科层次教学，可作为高职专科信息技术相关专业的"多媒体应用技术"课程教材，也可作为广大多媒体应用爱好者的自学和参考用书。

图书在版编目(CIP)数据

多媒体技术基础与应用(第二版)项目实训指导/曾广雄编著.

—西安：西安电子科技大学出版社，2014.4

ISBN 978-7-5606-3228-5

Ⅰ. ① 多…　Ⅱ. ① 曾…　Ⅲ. ① 多媒体技术—高等学校—教学参考资料　Ⅳ. ① TP37

中国版本图书馆 CIP 数据核字(2013)第 263241 号

策　　划　毛红兵

责任编辑　张　玮　刘红民　毛红兵

出版发行　西安电子科技大学出版社(西安市太白南路2号)

电　　话　(029)88242885　88201467　　邮　　编　710071

网　　址　www.xduph.com　　电子邮箱　xdupfxb001@163.com

经　　销　新华书店

印刷单位　陕西天意印务有限责任公司

版　　次　2014年4月第1版　　2014年4月第1次印刷

开　　本　787毫米×1092毫米　1/16　印　张　8

字　　数　186千字

印　　数　1～3000册

定　　价　18.00元(含光盘)

ISBN 978-7-5606-3228-5/TP

XDUP 3520001-1

前 言

一、本书概要

本书是根据普通高等教育“十二五”国家级规划教材的指导精神而编写的。

多媒体技术是20世纪发展起来的一门新型技术，它大大改变了人们处理信息的方式。早期的信息传播和表达信息的方式往往是单一的和单向的。随着计算机技术、通信和网络技术、信息处理技术和人机交互技术的发展，信息的表示和传播方式得以拓展，形成了将文字、图形图像、声音、动画和超文本超媒体等各种媒体进行综合、交互处理的多媒体技术。

交互多媒体应用与开发是现代信息技术的重要发展方向之一，在计算机信息、影视传媒、娱乐游戏、教育培训、新闻出版、网络通信、文化旅游，甚至金融医学等诸多行业中应用十分广泛。作为以信息处理技术为主要专业技能的职业院校学生，对多媒体技术的了解不能只局限于播放视频、浏览动画或者游戏娱乐等，而应该掌握如何加工媒体数据，灵活应用多媒体软硬件技术来设计开发多媒体软件。因此，在高职院校中与信息技术相关的专业学生，如计算机应用、信息管理、网络管理、通信技术、动画制作、广告设计、教育技术等，都应熟练地掌握多媒体应用技术，“多媒体技术基础与应用”课程也是其主要的专业课程之一。

二、内容结构

作为《多媒体技术基础与应用》的配套用书，本书主要是各项目的拓展性训练任务及完成方法和操作步骤。教师在组织教学时，可根据不同的专业或教学计划有选择地在课内学习和训练，或者安排学生结合网络在课外进行练习。具体如下：

学习单元1　多媒体技术的应用和发展——实践训练目标和拓展训练任务。

学习单元2　多媒体计算机系统的组成和应用——实践训练目标和拓展训练任务。

学习单元3　多媒体数据的压缩——实践训练目标和拓展训练任务。

学习单元4　视频编辑和音频编辑——实践训练目标和拓展训练任务。

学习单元5　多媒体网络与通信技术——实践训练目标和拓展训练任务。

学习单元6　多媒体应用开发——实践训练目标和拓展训练任务。

三、本书特点

(1) 采用教、学、做一体的项目化教学模式，注重职业能力培养。本书突出高等职业教育特色，采用“学习任务—基础实例—拓展训练”的创新教学形式，充分体现教、学、做一体的项目化教学模式。这种教学、训练和创造性训练的教学模式充分体现了高职技能教育和动手能力培养的特色，能为高职专业多媒体技术课程的教学提供参考。

(2) 课程教学网站资源丰富，学生自主学习的功能强。本书有配套教学资源网络及实践教学素材光盘，提供全方位的教学资源和学习资源，主要包括课程教学材料、教学课件、各部分实例操作所需的素材、实例项目文件、示范作品、综合应用作品以及与实例操作相关的免费版软件等。教学资源网络访问地址：http://117.21.221.90/study/jxhjgc3/index.asp?id=2007101720563584042。

(3) 适应新技术发展的需求。本书大量调整和更新了教学内容和方向，及时增加了多媒体应用的新理念、新工艺、新技术和新规范。

四、适用对象

本书采用项目教学的方式通俗易懂，内容由浅入深，配合项目基础实例和拓展训练，十分适合高职专科层次教学，可作为高职专科信息技术相关专业的“多媒体应用”课程教材，也可作为广大多媒体应用爱好者的自学和参考用书。

本书是江西省立项的教学改革课题“高职多媒体技术应用与实践指导教材建设”的优秀研究成果，荣获优秀教材奖。在本书的编写过程中，许多同志给予了帮助和支持，提出了大量宝贵意见，在此编者表示衷心的感谢！

由于编者水平有限，书中的不足之处在所难免，敬请广大读者朋友批评指正。联系邮箱：zz2005101@aliyun.com。

编　者

2013年4月

目　　录

学习单元 1　多媒体技术的应用和发展 1
　项目 1.1　多媒体技术概要 1
　项目 1.2　多媒体技术 1

学习单元 2　多媒体计算机系统的组成和应用 2
　项目 2.1　多媒体硬件系统的组成和应用 2
　项目 2.2　多媒体软件系统的组成和应用 3

学习单元 3　多媒体数据的压缩 12
　项目 3.1　数据压缩 12
　项目 3.2　动态数据的压缩与应用 17

学习单元 4　视频编辑和音频编辑 21
　项目 4.1　Premiere Pro 视频的制作基础 21
　项目 4.2　视频特效的应用 29
　项目 4.3　音频编辑 33
　项目 4.4　综合实例 39

学习单元 5　多媒体网络与通信技术 72
　项目 5.1　多媒体网络概述 72
　项目 5.2　多媒体网络与通信 74
　项目 5.3　多媒体网络与虚拟现实技术 75

学习单元 6　多媒体应用开发 79
　项目 6.1　多媒体应用开发流程和常用工具 79
　项目 6.2　Authorware 应用基础 85
　项目 6.3　Authorware 7.02 设置动画 92
　项目 6.4　Authorware 交互功能设计 99
　项目 6.5　框架与导航的应用 110
　项目 6.6　综合应用开发 118

参考文献 122

学习单元 1　多媒体技术的应用和发展

项目 1.1　多媒体技术概要

训练目标和要求

明确学习多媒体技术的重要意义和广泛应用，并进一步了解多媒体技术的发展方向。

拓展训练项目

了解学习和生活中的多媒体

(1) 举例说出一些多媒体的应用物品和使用场所。
(2) 说说目前多媒体技术是如何改变你的学习和生活的。

项目 1.2　多媒体技术

训练目标和要求

让学生了解与多媒体技术有关的职业岗位。

拓展训练项目

了解多媒体在工作中的应用

通过网站搜索相关内容，对比三家国内和国外大型公司在多媒体应用服务上的差异，写出分析报表。

学习单元2　多媒体计算机系统的组成和应用

项目 2.1　多媒体硬件系统的组成和应用

训练目标和要求

掌握输入文字、图像、视频和声音等媒体信息的硬件设备的使用。

拓展训练项目

一、练习使用扫描仪

用扫描仪扫描的文字图像，不能对个别文字进行编辑修改，在实践中，需要利用文字识别软件将文字图像进行识别，将图像格式转化成文本格式。常见的文字识别软件有很多，主要功能基本相同，尚书七号就是其中很优秀的一款，本书教学资源采用的是尚书七号绿色版。用尚书七号对文字图像识别转化的具体步骤如下：

(1) 获取文字图像文件。选择“文件”菜单下的“扫描”或“打开图像”(将已经扫描好的图像文件打开)命令，打开图像文件。如果连接了多台扫描仪，可以选择“文件”菜单下的“选择来源”命令，选择合适的扫描仪，再单击“选定”按钮，完成对扫描仪的选择，如图 2-1-1 所示。调用扫描仪，再点击“扫描”开始扫描图像，如图 2-1-2 所示。

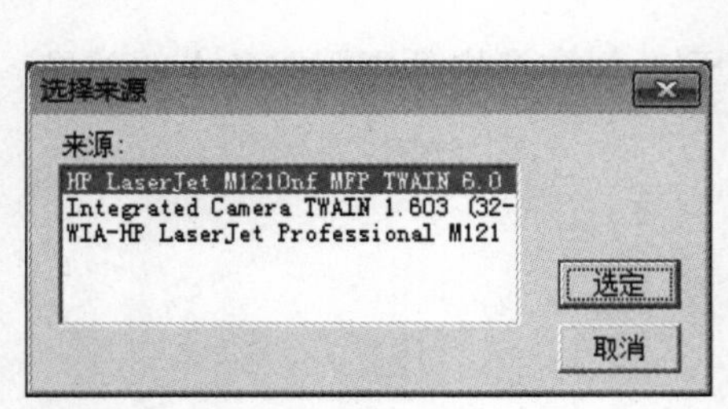

图 2-1-1　选择扫描仪

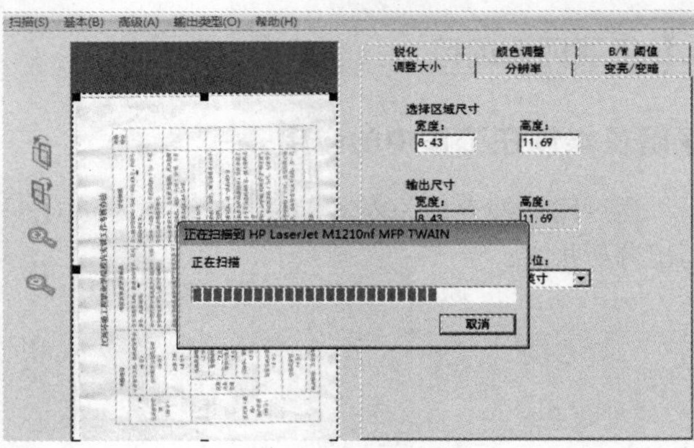

图 2-1-2　扫描图像

(2) 对扫描的图像页进行调整。选择“编辑”菜单下的“图像页面的处理”子菜单下的“图像页的倾斜校正”及“旋转”等命令，将扫描的图像页进行调整。

(3) 版面分析与文字识别转化。版面分析，选择识别范围，在进行文字识别前要选择识别范围，识别过程的核心是“版面分析”。设置好后，直接点击“开始识别”按钮就可以进行文字识别，如图 2-1-3 所示。

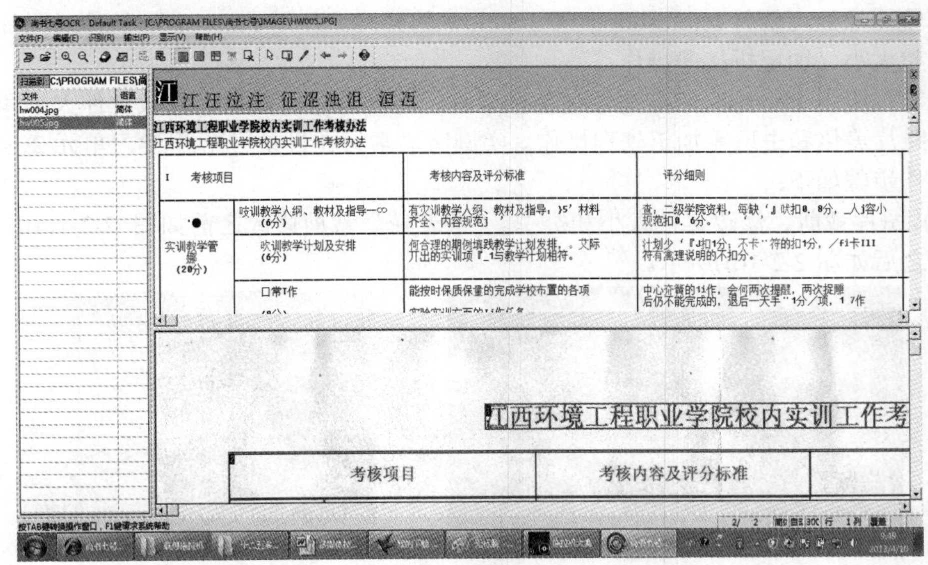

图 2-1-3　文字识别完成

(4) 校对修改。自动识别完毕，会弹出识别结果的“文本窗口”，这个窗口能够提供识别结果的校对。为了校对方便，尚书七号增加了光标跟随显示原图像行的校对方法，一眼就能够看到图像原文和识别后文本的差别，如果发现识别有误，可以进行修改。

(5) 输出。如果检查修改后确认无误，则选择识别结果的“输出”菜单，输出的文件格式有 RTF、HTML、XLS、2126，可以根据自己的需要选择相应的格式。如果用户想得到类似原文的识别结果，则选择 RTF 格式。把 RTF 格式输出的文件用 Word 打开后，会发现几乎保留了原文的所有痕迹，包括原来页面中的彩色图像，都已经保留在 Word 中了。

二、练习使用其他媒体设备

(1) 使用数码相机拍摄和输入照片，并对照片进行必要的编辑和处理。

(2) 体验手写输出和触摸屏的使用，并说说它们的优缺点。

(3) 练习配置调制解调器进行拨号上网。

(4) 练习使用麦克风在计算机中录制一段解说。

项目 2.2　多媒体软件系统的组成和应用

训练目标和要求

熟悉多媒体制作所应用的各种工具软件的特点和作用。

拓展训练项目

一、图像处理软件的使用

比较图像处理软件 Photoshop 与 Coreldraw 的异同。使用 Photoshop 软件对图片进行裁剪、调整大小、图层拼接等操作。

要求：应用 Photoshop7.0 绿色迷你版软件，对图片进行裁剪、修改文件大小和类型、拼接、照片美化和去斑等加工处理操作。实例所需素材在目录“光盘\学习单元 2\项目 2.2”下，操作步骤如下：

(1) 图片裁剪、修改文件大小和类型。“蝶恋花”裁剪修改之前如图 2-2-1(a)所示，裁剪修改之后如图 2-2-1(b)所示。

(a) 裁剪修改之前

(b) 裁剪修改之后

图 2-2-1　裁剪修改

(2) 图片拼接。“江南水乡”图片拼接前后如图 2-2-2(a)、(b)所示。

(a) 图片拼接前

(b) 图片拼接后

图 2-2-2　图片拼接

(3) 照片的美化和去斑。“女学生”照片美化和去斑前后对比效果如图 2-2-3(a)、(b)所示。

(a) 照片美化之前　　(b) 照片美化之后

图 2-2-3　照片美化

本例参考制作方法如下：

1．启动 Photoshop7.0 绿色迷你版

Photoshop7.0 绿色迷你版软件安装好之后，执行“开始菜单”|“所有程序”|“Adobe”|“Adobe Photoshop7.0 中文版”命令，启动 Photoshop7.0 绿色迷你版软件。启动后的界面如图 2-2-4 所示。

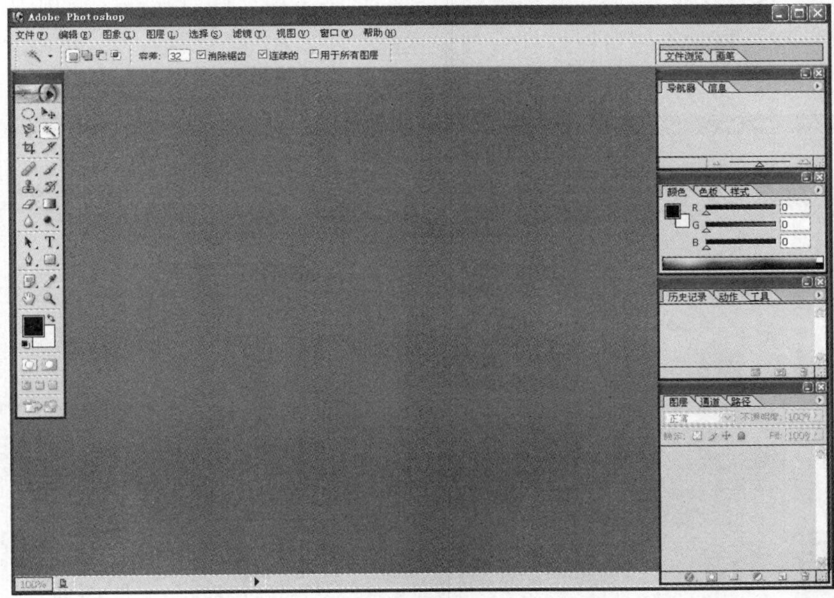

图 2-2-4　Photoshop7.0 绿色迷你版启动界面

Photoshop7.0 软件的最大特点就是可以将图片文件分层处理，可以对每一层进行变形、裁剪、移动和添加特效等各种操作。

2．图片裁剪、修改文件大小和类型

(1) 启动 Photoshop7.0，执行“文件”|“打开”命令，打开“蝶恋花”图片，如图 2-2-5 所示。

图 2-2-5　打开“蝶恋花”图片

(2) 裁剪图片。在左侧的工具栏中单击选取裁剪图片工具 ，这时鼠标光标变为裁剪工具，按住鼠标左键，在图片中拖动鼠标，框出裁剪区域，如图 2-2-6 所示。这时图片中框出一个亮区为裁剪后的部分，其他暗淡的部分将被去掉。同时裁剪区域周围还有八个控制点，用鼠标拖动控制点还可以继续调节区域的大小。确定区域后，按回车键完成图片的裁剪。

图 2-2-6　框出裁剪区域

调节界面右上侧导航面板的显示比例滑块，增大裁剪后图片的显示比例，进一步查看裁剪后的效果。

(3) 改变文件大小。若要精确地改变图片的大小(图像的纵横像素数量)，可执行“图像”|“图像大小”命令，如图 2-2-7 所示。在像素大小框中，分别输入宽度和高度的像素数量，取消下方的“约束比例”选项。这样就完全按输入的像素数量调整图像的大小了。

(4) 改变文件类型。Photoshop7.0 编辑后的图片默认文件类型为 .PSD 格式，若要改变文件类型，比如改为 .JPG、.PDF 或 .BMP 等格式，可以直接将文件另存为所需要的类型。

图 2-2-7　改变文件大小图

图像编辑完成后，执行“文件”|“另存为”命令，在另存为对话框的格式框中选取所需的文件类型，如图 2-2-8 所示。若选择的是 .JPG 格式，则会再弹出 JPEG 选项对话框，调节图像压缩为 .JPG 格式的品质是高还是低，如图 2-2-9 所示。

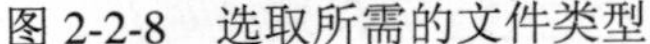
图 2-2-8　选取所需的文件类型

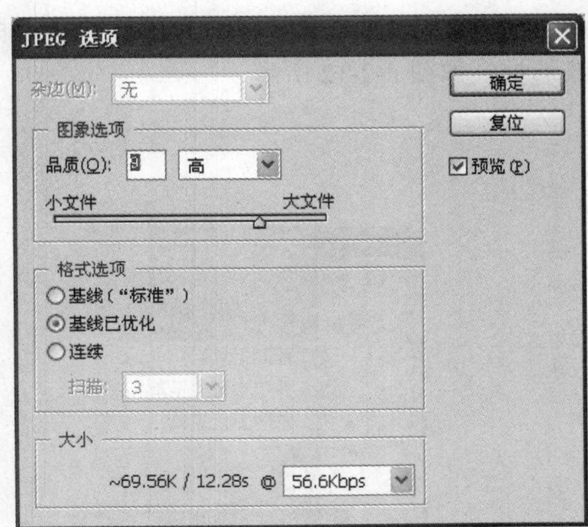

图 2-2-9　调节 JPG 图像的品质

3. 图片的拼接

图片的拼接可以实现许多有趣的效果，比如给照片换一个背景。如图 2-2-2(a)、(b)所示的“江南水乡”图片，就是将照片的背景由公园里换成了江南水乡。操作步骤如下：

(1) 打开原图。依次打开“公园人像”和“江南水乡”两个图片，如图 2-2-10 所示。

图 2-2-10　打开原图

(2) 选取人像。点击“公园人像”图片，将它置于上方，单击左侧工具栏中的选取工具，弹出选取工具菜单，选择第三个“磁性套索工具”，这时鼠标光标也变成了磁性套索工具，如图 2-2-11 所示。

将鼠标光标移至人像的边缘某一位置单击，作为选取区域的起点。沿着人和伞的边缘移动鼠标，并出现一虚线粘附在边缘上。继续移动鼠标，围着人和伞绕一圈，移至刚才的起点处，鼠标光标出现一小圆圈时，单击鼠标闭合选区，此时人像的周围有一个闪烁的虚线选框，如图 2-2-12 所示。

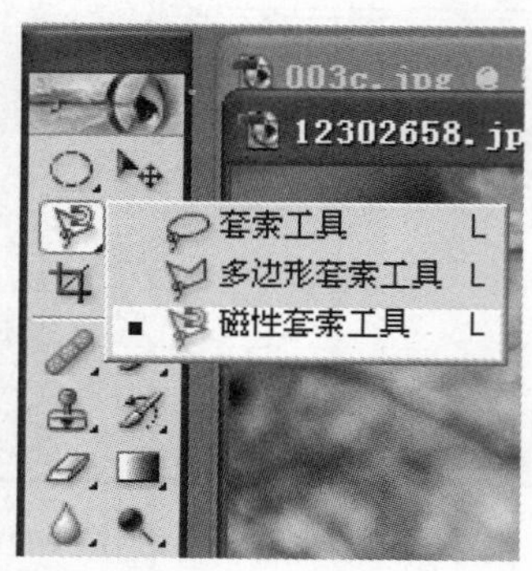

图 2-2-11　磁性套索工具

图 2-2-12　选出人像

(3) 换张背景。执行“编辑”|“拷贝”命令，将选出的区域复制出来，单击“江南水乡”图片，将它置于最前，执行“编辑”|“粘贴”命令，将刚才复制的人像粘贴出来，如图 2-2-13 所示，这样就实现了更换图像背景。

图 2-2-13　粘贴图层

在软件界面右下方的图层面板中选择人像层，用移动工具，将人像层移至画面的左下方，图片的拼接就完成了。

通过“编辑”|“变换”命令，可以对图层进行缩放、旋转、变换、透视和翻转等各种变换操作。

(4) 保存并完成。图像编辑完成后，执行“文件”|“另存为”命令，在另存为对话框的格式框中选取.JPG 格式的文件，将完成的效果图保存，如图 2-2-2(b)所示。

4．照片美化和去斑

(1) 选取美化和去斑的区域。先打开如图 2-2-3(a)所示“女学生”照片原图，同样用“磁性套索工具”选出要进行美化和去斑的区域，如图 2-2-14 所示。

图 2-2-14　选取美化和去斑的区域

在选取区域时，可以结合选项栏中的增加、减少、交叉选区工具进行组合选取所需的区域，这里由于选区分两部分，运用了增加选区工具。即先用“磁性套索工具”勾出人脸和脖子部分，然后按下增加选区按钮，继续勾出图片右侧的肩膀部分。

(2) 模糊斑点。在界面的右下方切换到通道面板，选择其中的红色通道，执行“滤镜”|“模糊”|“特殊模糊”命令，调节其中的半径和阈值，并观察人像的皮肤，使之达到一个比较满意的效果，这里设置半径为 3，阈值为 25，如图 2-2-15 所示。

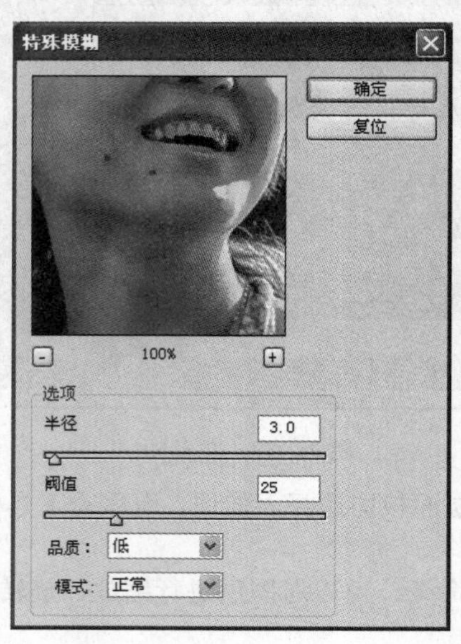

图 2-2-15　模糊斑点

同样，分别对绿色和蓝色通道执行“特殊模糊”命令，并适当调整其半径和阈值，达到较好的效果为准。最后切换到 RGB 通道，观察调节后的整体效果，这时人脸上的斑点基本上已经消除，只剩下左侧脸下方的两个黑点。

(3) 消除黑点。消除黑点不能用模糊工具，因为黑点太明显了，用模糊要将整个图都模糊到看不清才能消除它。对于少数的几个黑点可以用“仿制图章工具”来消除。方法是用“仿制图章工具”选取黑点附近的好皮肤，再将好皮肤仿制到黑点上，将黑点替换。

操作如下：选择“仿制图章工具”，移至一个黑点旁边皮肤较好处，按下 Alt 键，鼠标光标变为带十字的圆形，单击鼠标，将好皮肤选取；松开 Alt 键，光标移至黑点，圆形光标将黑点圈住，单击鼠标，黑点消除。另一个黑点也可以选取它旁边的皮肤将它消除，但必须一个点一个点逐个进行操作。现在黑斑和黑点全部消除。

若圆形光标太大或太小，可在选项栏中调节画笔大小，如图 2-2-16 所示。

(4) 整体调亮。要达到好的效果，还须将皮肤整体调亮。应用“曲线”调节可以综合调整亮度和对比度。

操作如下：保持刚才的选区，执行“图像”|“调整”|“曲线”命令，弹出“曲线”对话框，将曲线中间的控制点适当向上调节，再沿曲线移动一些，并观察图像，将照片整体调亮，如图 2-2-17 所示。按“确定”完成调节，最后实现照片美化效果，如图 2-2-3(b)所示。

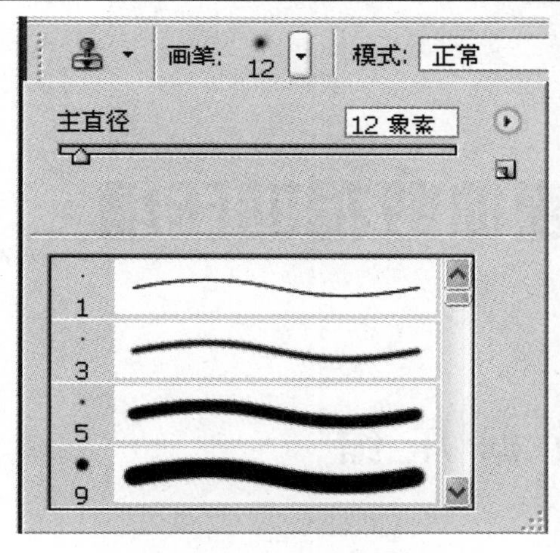

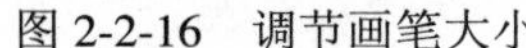
图 2-2-16　调节画笔大小

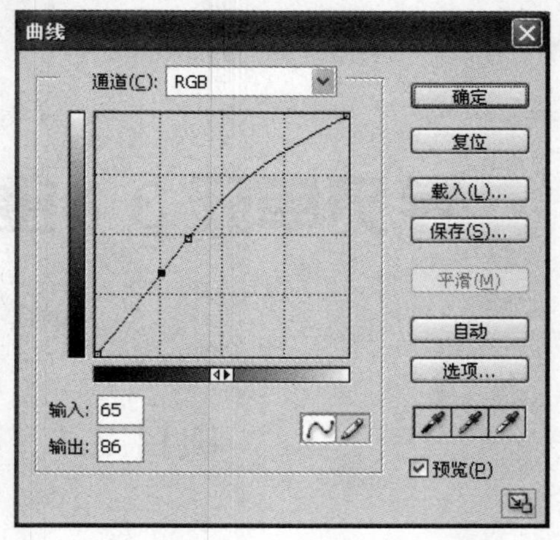

图 2-2-17　曲线调节

二、其他媒体软件的使用

(1) 说说你了解哪些音频、视频制作软件。
(2) 目前流行的多媒体制作工具软件有哪些？
(3) 使用 Cool 3D 工具软件制作三维文字。
(4) 使用 3DS MAX 制作三维图像。

学习单元 3　多媒体数据的压缩

项目 3.1　数 据 压 缩

训练目标和要求

掌握图像数据压缩方法和各种数据格式及其特点。

拓展训练项目

一、WinRAR 个性化自解压安装向导的制作过程

本例素材路径例题 3-1。

(1) 打开 WinRAR 软件，执行“文件”|“浏览文件夹”命令，浏览光盘的“学习单元 3\项目 3.1\例题 3-1”，并选中其中的两项，如图 3-1-1 所示。

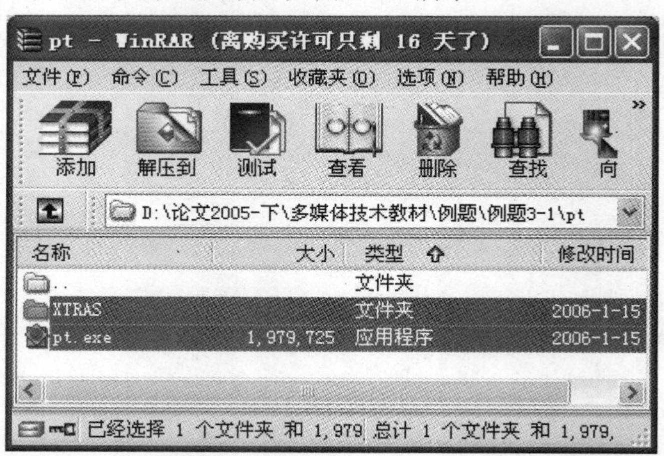

图 3-1-1　选中原文件

(2) 单击“添加”，出现如图 3-1-2 所示的对话框，在“压缩文件名和参数”下设置好自解压文件存放位置，选中“创建自解压格式压缩文件”复选框。

(3) 单击“高级”选项卡中的“自解压选项”按钮，出现如图 3-1-3 所示的对话框，在此对话框的“常规”选项卡中设置好解压路径，比如“c:\pt”，或者不改默认在“Program Files”中创建，在安装后运行中输入“pt.exe”，即解压后自动运行此文件，也可不设。

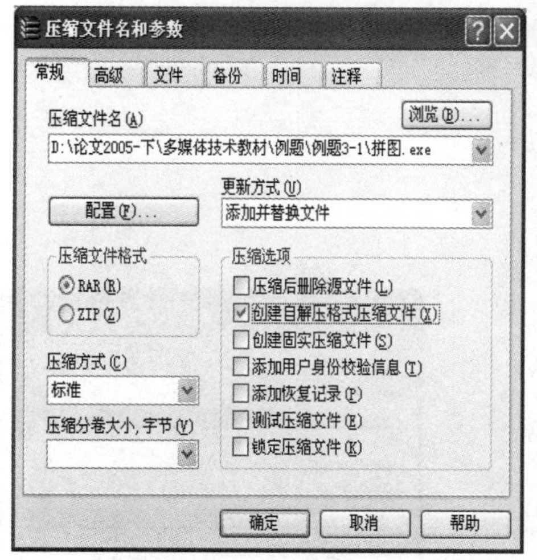

图 3-1-2　“压缩文件名和参数”对话框

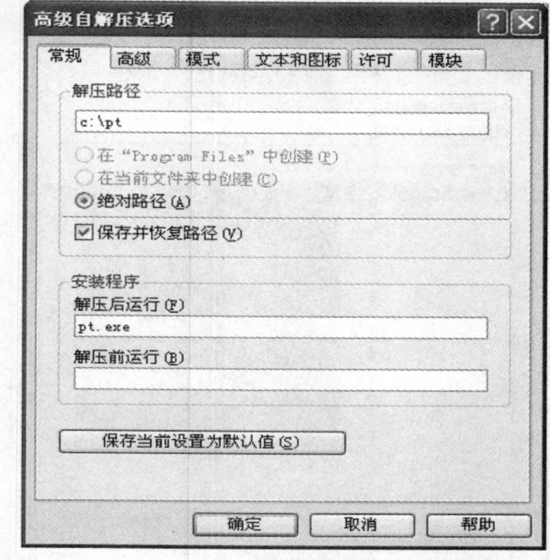

图 3-1-3　“高级自解压选项”对话框

(4) 选中图 3-1-3 中“高级”选项卡下的“添加快捷方式”按钮，出现如图 3-1-4 所示“添加快捷方式”对话框，选中“开始菜单/程序”项，快捷方式参数照图输入(即压缩软件的源文件名、目标文件夹名、快捷方式描述文字及快捷方式名)，按“确定”按钮返回图 3-1-3 所示对话框。此时可以重复这一步，再将快捷方式添加在“桌面”、“开始菜单”或“启动”项中。

(5) 选取“文本和图标”选项卡，如图 3-1-5 所示，按图输入相应文字。

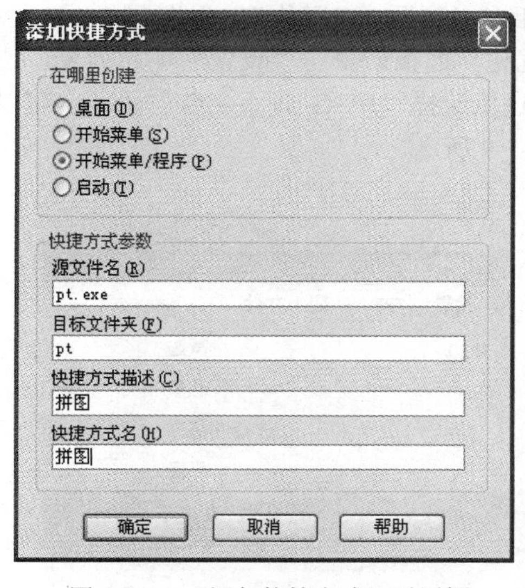

图 3-1-4　“添加快捷方式”对话框

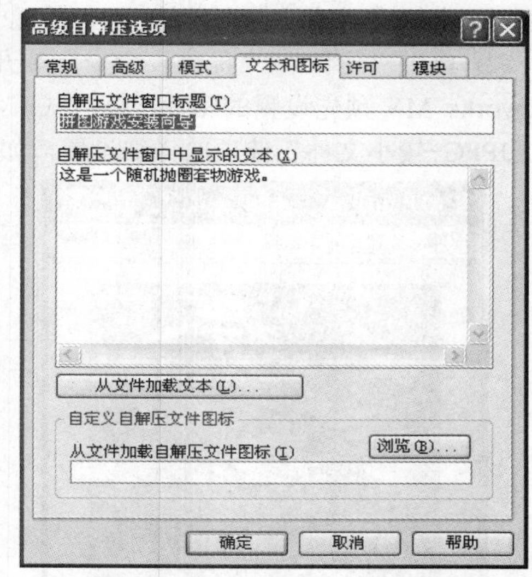

图 3-1-5　“文本和图标”选项卡

(6) 选取“许可”选项卡，如图 3-1-6 所示，按图输入相应的文字。

(7) 单击“确定”后返回至“压缩文件名和参数”对话框，单击“确定”，开始压缩并完成个性化自解压安装向导的制作，如图 3-1-7 所示。

(8) 打开制作好的自解压安装向导可执行文件“pt.exe”，即可打开游戏安装向导，完成安装。此时将自动打开拼图游戏，并在“开始”|“程序”中创建快捷方式。

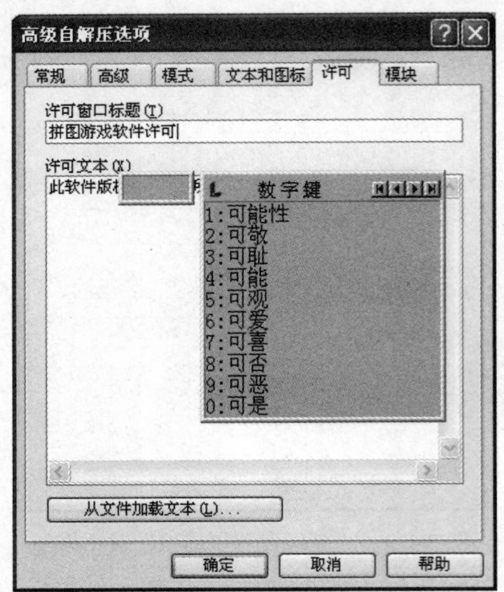

图 3-1-6　“许可”选项卡

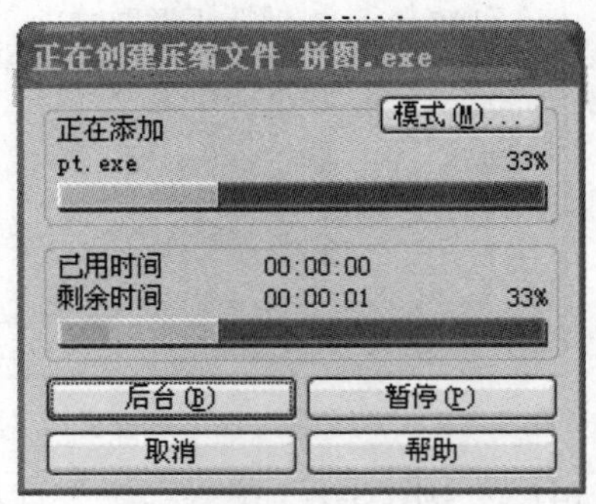

图 3-1-7　“正在创建压缩文件”对话框

二、图像数据的压缩

下面举例来说明 Fireworks MX 压缩优化功能的应用。

(1) 启动安装好的 Macromedia Fireworks MX，打开一张.JPG 格式(也可以是其他格式)的图片，本例素材路径在光盘的“学习单元 3\项目 3.1\例题 3-3\照片 001”，如图 3-1-8 所示。

(2) 单击“窗口”|“优化”命令，展开“优化”面板。单击“设置”下拉列表，选择 Fireworks MX 预先设置的图片压缩方式，我们这里选择“JPFG-较小文件”选项，可以看到“JPFG-较小文件”选项的详细设置，如图 3-1-9 所示。

图 3-1-8　打开 JPG 图像

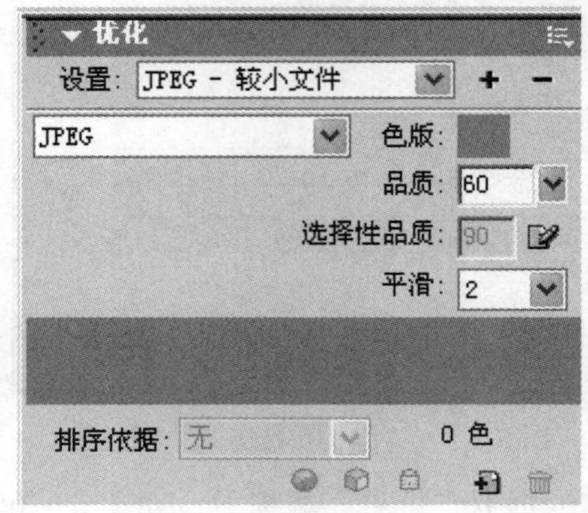

图 3-1-9　“JPEG-较小文件”选项

(3) 图 3-1-9 中，图片的品质被设置在了 60，而平滑度为 2。可以拖曳“品质“文本框后面的滑动条改变图片的压缩品质，数字越大则图片失真越小。图 3-1-10 显示了“品质”值为 100、50、10 时图片的效果。

图 3-1-10　“品质”值为 100、50、10 时图片的效果

(4) 在“优化”面板中的“平滑”值也可以帮助缩小 JPEG 文件的大小。“平滑”可对硬边进行模糊处理，较高的数值在导出 JPEG 文件时将产生较多的模糊，通常生成的文件较小。将“平滑”值设置为 3 左右，不仅可以减小图像的大小，同时还可以保持适当的品质。图 3-1-11 中从上往下分别显示了“平滑”值为 8、4、0 时的文件大小。

22.31K　3秒 @ 56kbps　JPEG (文档)

25.49K　4秒 @ 56kbps　JPEG (文档)

31.60K　5秒 @ 56kbps　JPEG (文档)

图 3-1-11　“平滑”值为 8、4、0 时的文件大小

(5) 如果对图片的文件大小要求很高，例如文件不得大于 50KB，那么可以使用“优化到指定大小”功能。单击“优化”面板右上角的按钮，在弹出的菜单中选择“优化到指定大小”命令，这时将弹出如图 3-1-12 所示的对话框，在“目标大小”文本框中输入需要的文件大小，单击“确定”就可以将图片压缩到指定大小。

(6) 如果常对某一类图片进行相似优化，可以对优化设置保存下来，今后直接调用即可。设置好优化的各种属性后，单击“优化”面板上的加号“＋”按钮，在弹出的“预设名称”中输入一个名字，单击“确定”即可，如图 3-1-13 所示。以后就可以在“优化”面板上的“设置”下拉列表中找到保存的设置。

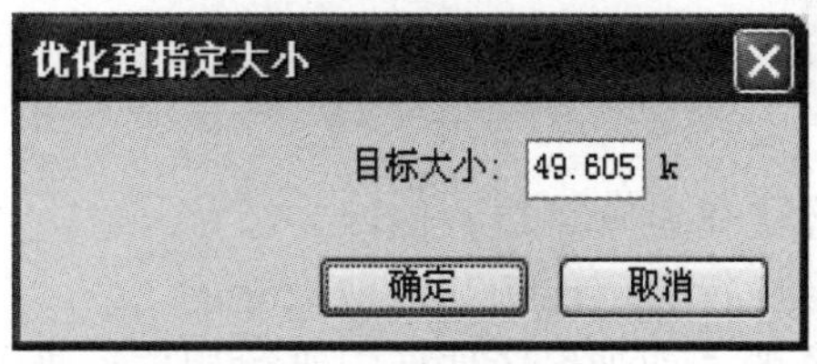

图 3-1-12　“优化到指定大小”对话框

图 3-1-13　“预设名称”对话框

三、对比压缩效果

使用 Fireworks MX 的可视化优化图形功能，可以同时观察分别采用四种不同设置优化图片的效果。

在 Fireworks MX 中打开一张图片，单击窗口上方的“4 幅”标签，Fireworks MX 会分别在 4 个窗口显示这张图片，如图 3-1-14 所示。

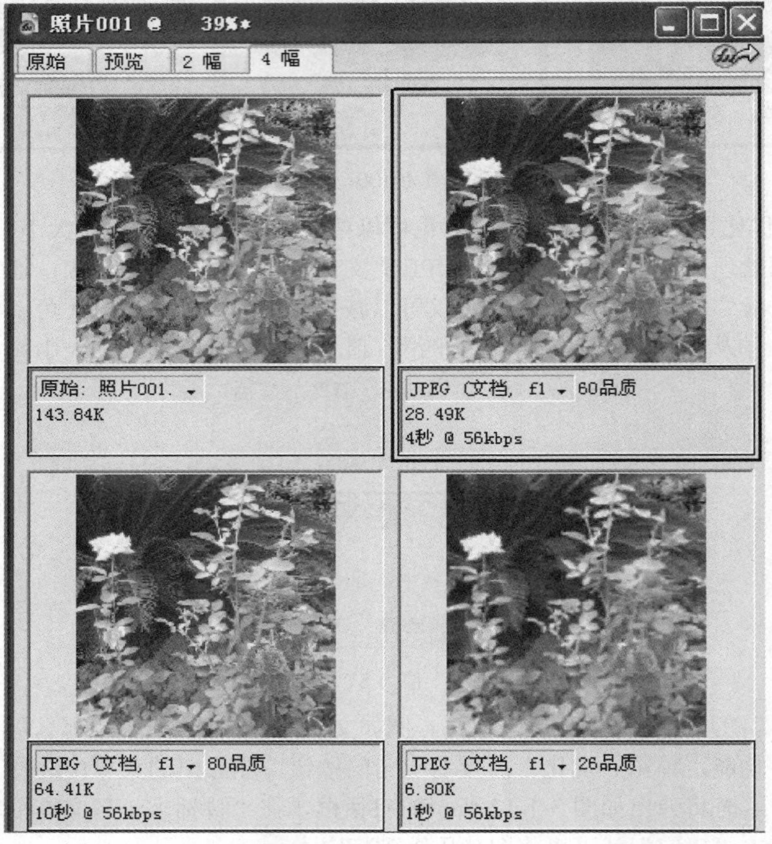

图 3-1-14　4 幅优化效果对比图

单击鼠标选择某一幅，然后，在“优化”面板中进行优化设置，这样就可以在同一画面中比较不同的优化效果，从中选择最为理想的优化设置。

四、导出并保存优化后的图像

(1) 将图像的优化设置确定好了之后，选择“文件”|“导出预览”命令，打开“导出预览”对话框，如图 3-1-15 所示。

(2) 在此对话框的“选项”选项卡中可对图像优化设置再进行修改。

(3) 在此对话框的“文件”选项卡中可对图像进行显示比例和裁剪设置。

(4) 如果需要导出 GIF 动画，可以在此对话框的“动画”选项卡中进行相关动画设置。

(5) 完成设置后，单击“导出”按钮就可以将优化好的图片保存到指定的位置。

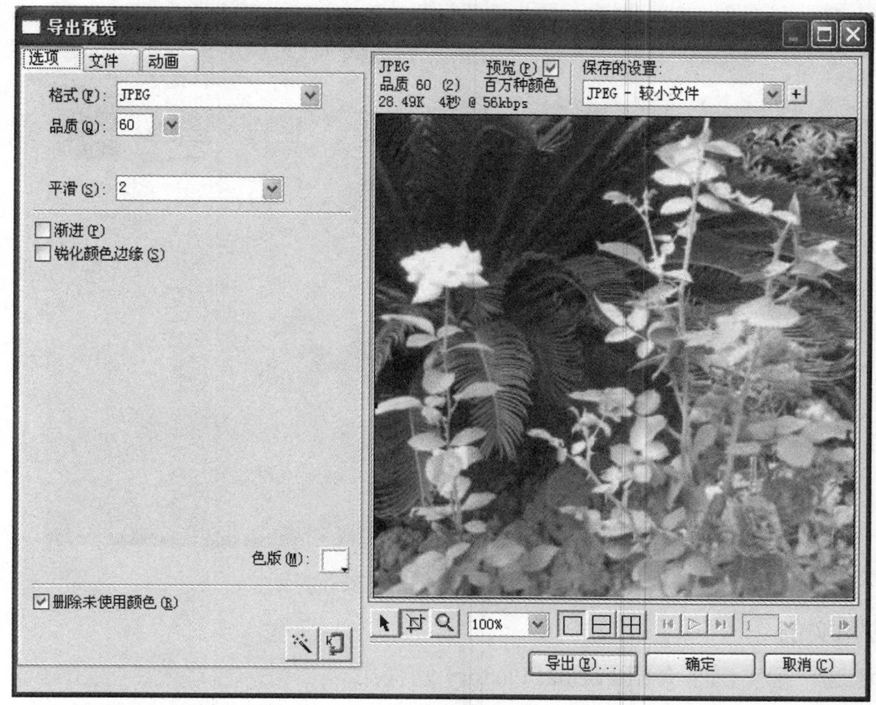

图 3-1-15　“导出预览”对话框

项目 3.2　动态数据的压缩与应用

训练目标和要求

(1) 掌握动画、视频和音频各种数据的格式及其特点。

(2) 练习使用软件工具进行动态数据的格式转换。

拓展训练项目

动态多媒体数据的格式转换练习

格式工厂(Format Factory)是一套国产软件，是可以免费使用且任意传播的万能的多媒体格式转换软件，是一款非常方便的格式转换软件。

1．软件操作界面

软件界面由标题栏、菜单栏、常用工具栏组成，如图 3-2-1 所示。

软件界面的左侧是功能栏，右侧是主工作界面，最下面是状态栏。

软件界面中的标题栏由任务、皮肤、语言、帮助等菜单组成，这些菜单都有一些相应的功能，非常简单易懂。

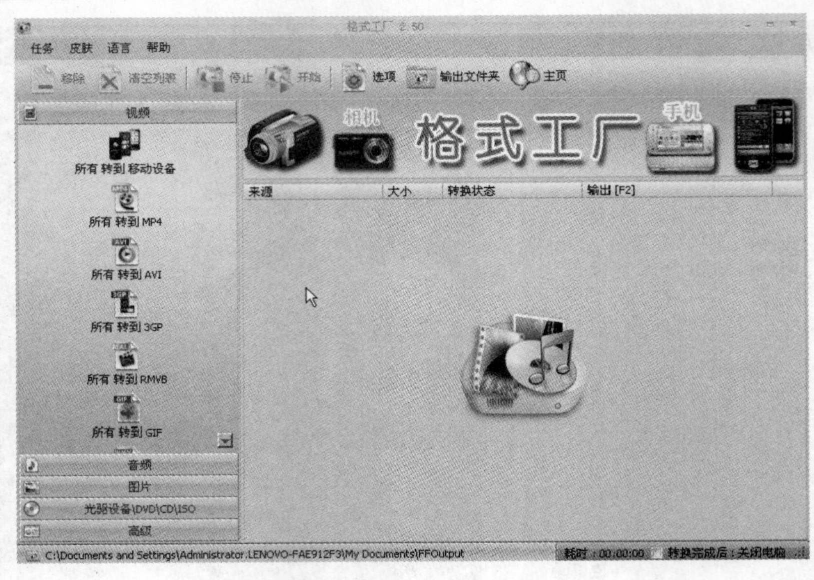

图 3-2-1　格式工厂软件操作界面

2．应用实例

下面通过一个实例来介绍 Format Factory 的使用。

将 avi 格式的视频转换成在手机上播放的 3GP 格式，转换过程如下：

(1) 先把要转换的视频 范例.avi 放在计算机的已知位置，比如 D：盘中。启动 Format Factory 软件，点开左侧栏目中“视频”项下面的菜单。选择要转换的目标格式 3GP 所有 转到3GP 将会弹出一个“添加文件”对话框，如图 3-2-2 所示。

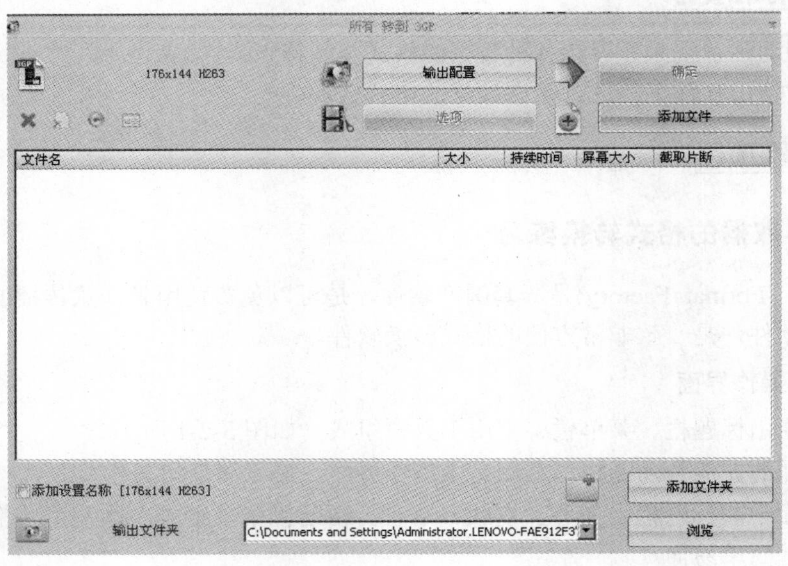

图 3-2-2　“添加文件”对话框

(2) 点击添加文件，浏览要转换的文件案例，如果是多个文件，则可以再点击“添加文件夹”。界面上的输出配置还可以进行更详细的设置。

(3) 点击“确定”后可以看到主界面开始菜单由灰色变成可用的绿色，任务框内也多了一个新添加的任务，如图 3-2-3 所示。

图 3-2-3　任务显示框

(4) 点击软件工具栏中的“开始”按钮，稍等一会任务就完成了。时间长短取决于视频文件的大小、任务数目、转换质量和计算机性能，一般选择默认设置就可以了。

(5) 转换好的文件，可以直接点击主界面上的“输出文件夹”按钮。这时输出文件里就有一个“范例.3GP”的目标文件了，这表示已经转换成功。

(6) 其他的文件例如图片音频、光驱压缩都可以用同样的方法来操作。

3. 其他功能

该软件可以进行视频与音频的简单拼接，以及音频视频的混缩。此项功能在“高级”模块里面，如图 3-2-4 所示。

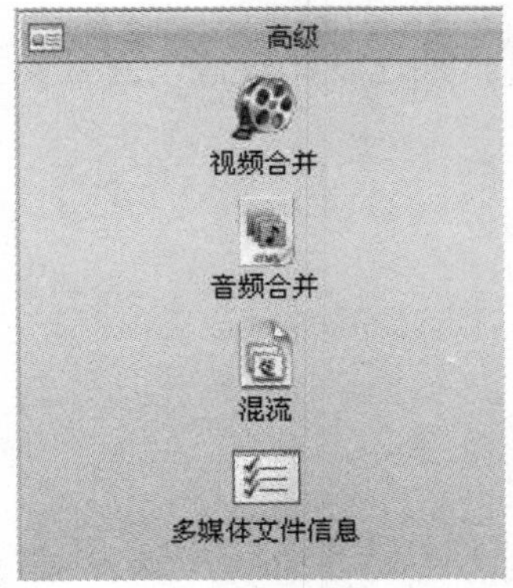

图 3-2-4　“高级”模块功能

4. 软件介绍

格式工厂软件支持多种语言，安装界面只显示英文，但软件启动后还是中文，100%免费。另外软件包里带有易趣购物网站的链接和百度搜索工具条，如果不想安装，在安装过程中取消即可。主要功能如下：

(1) 所有类型视频转到 MP4、3GP、AVI、WMV、MPG、VOB、FLV、SWF、MOV，新版已经支持 RMVB。

(2) 所有类型音频转到 MP3、WMA、FLAC、AAC、MMF、AMR、M4A、M4R、OGG、

MP2、WAV。

(3) 所有类型图片转到JPG、PNG、ICO、BMP、GIF、TIF、PCX、TGA。

(4) 支持索尼(Sony)PSP、苹果(Apple)iPhone&iPod、爱国者(Aigo)、爱可视(Archos)、多普达(Dopod)、歌美(Gemei)、iRiver、LG、魅族(MeiZu)、微软(Microsoft)、摩托罗拉(Motorola)、纽曼(Newsmy)、诺基亚(Nokia)、昂达(Onda)、OPPO、RIM 黑莓手机、蓝魔(Ramos)、三星(Samsung)、索爱(SonyEricsson)、台电(Teclast)、艾诺(ANIOL)等移动设备，移动设备兼容MP4、3GP、AVI格式。

(5) 转换DVD到视频文件，转换音乐CD到音频文件。DVD/CD转到ISO/CSO，ISO与CSO互转。

(6) 源文件支持RMVB。

(7) 可设置文件输出配置(包括视频的屏幕大小、每秒帧数、比特率、视频编码；音频的采样率、比特率；字幕的字体与大小等)。

(8) “高级”选项中还有“视频合并”与“多媒体文件信息”等功能。

5．格式工厂的特点

(1) 支持几乎所有格式的多媒体到常用的几种格式的转换。

(2) 转换过程中可以修复某些损坏的视频文件。

(3) 多媒体数据文件压缩。

(4) 支持iPhone/iPod/PSP等多媒体指定格式。

(5) 转换图片文件支持缩放、旋转、水印等功能。

(6) DVD视频抓取功能，轻松备份DVD视频到本地硬盘。

(7) 支持56种国家语言。

总之，这款软件非常实用，转换速度比较快，并且支持的格式非常多，能满足一般用户需要。

学习单元 4　视频编辑和音频编辑

项目 4.1　Premiere Pro 视频的制作基础

训练目标和要求

掌握非线性编辑视频制作的特点和 Premiere 视频制作的过程。

拓展训练项目

Premiere Pro1.5 创作视频的整个过程实践

制作影片《花艺欣赏》，实现方法和操作步骤如下：

1．写出剧本和收集素材

影片的创作要先写好剧本，再组织收集、拍摄素材。在 Premiere Pro1.5 中可以使用的素材有：图像、字幕文件、WAV 或 MP3 音乐和 AVI 视频等。通过 DV 机可以直接将拍摄的视频内容保存到电脑中，旧式摄像机拍摄出来的视频要经过采集才能输入到电脑中。本例素材保存在光盘的“学习单元 4\项目 4.1\花艺欣赏”中。

2．创建新项目

启动 Premiere Pro1.5，在“新建项目”对话框中选择“自定义设置”，在“常规”页中按图 4-1-1 所示设置，完成后按“确定”进入视频编辑模式窗口。

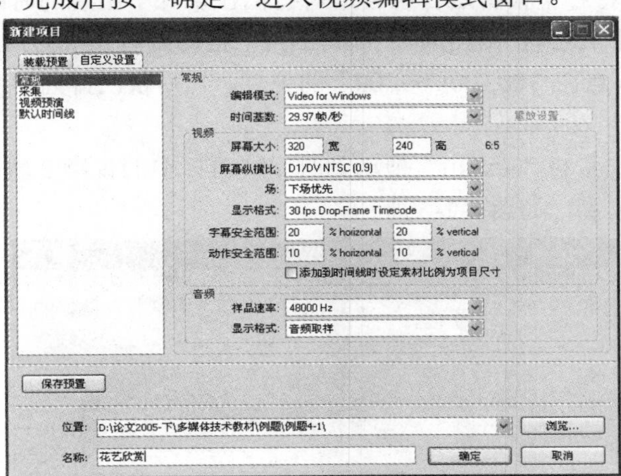

图 4-1-1　设置项目属性

3．导入素材

选择“文件”|“导入”命令，打开“输入”对话框，如图 4-1-2。选择“光盘\学习单元 4\项目 4.1\例题 4-1”中的全部素材，单击“打开”按钮，将素材导入到项目窗口中，如图 4-1-3。

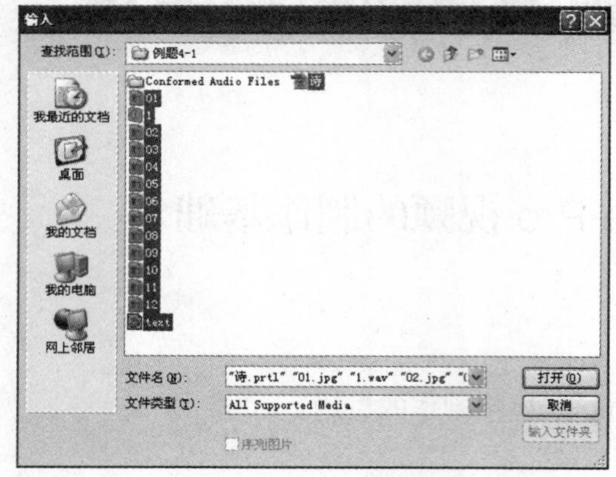

图 4-1-2　“输入”对话框

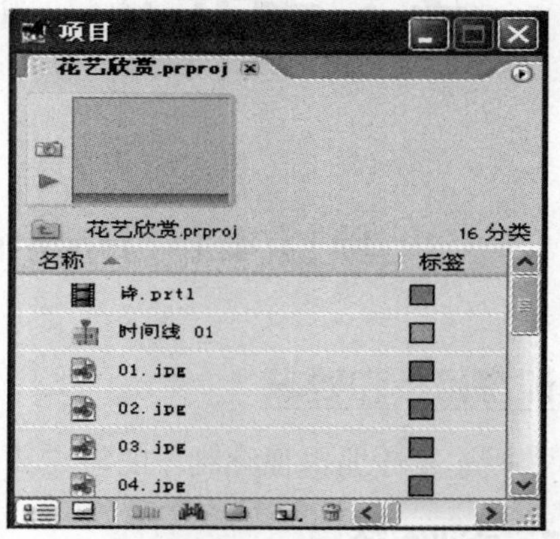

图 4-1-3　项目窗口

4．编辑素材

根据需要对素材进行修改，以符合编辑要求，比如剪切多余的片段、控制素材的播放速度、时间长短等。

本例对素材的播放时间进行修改，在项目窗口中用鼠标右键单击需要修改的素材文件，在弹出的命令菜单中选择“速度|持续时间”命令，在打开的“速度|持续时间”对话框中，将持续时间改为所需要的素材持续时间，在本例中将图片素材“01.jpg”～“12.jpg”的持续时间改为 4 秒，如图 4-1-4 所示。将图片素材“text.tif”的持续时间改为 48 秒。

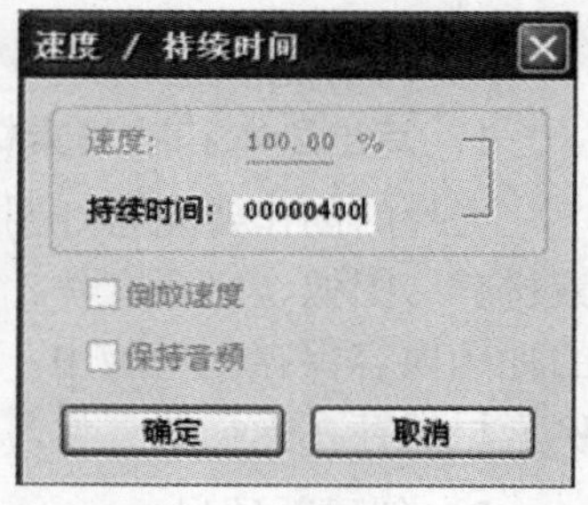

图 4-1-4　修改持续时间

5．组合素材片段

在时间线窗口中将各个素材进行组合，对它们在影片中出现的时间及位置进行编排。

(1) 将项目窗口中的素材“01.jpg”～“12.jpg”拖动到时间线窗口中的视频 1 轨道上，使素材“01.jpg”的入点在“00; 00; 00; 00”的位置，然后依次排列其余的素材，如图 4-1-5 所示。

(2) 将项目窗口中素材“text.tif”拖动到时间线窗口中的视频 2 轨道上，并使其入点在“00; 00; 00; 00”的位置，如图 4-1-5 所示。

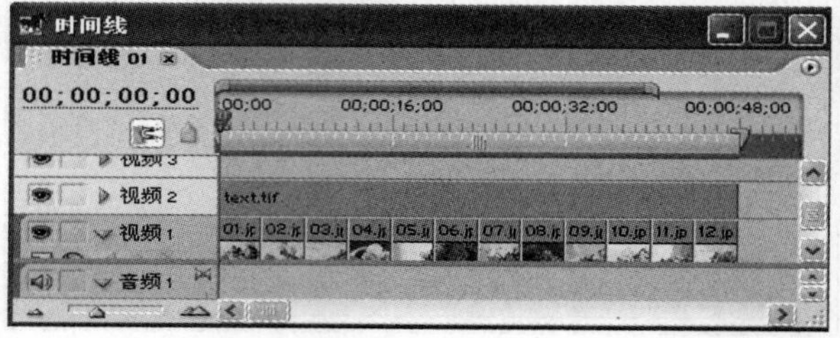

图 4-1-5　组合素材

6．添加视频转换效果

在编辑视频节目的过程中，使用视频转换效果能使素材间的连接更加和谐、自然。在本例中，相邻素材间添加视频转换效果的操作步骤如下：

选择“窗口”|“特效”命令，在开启特效面板中单击“视频转换”文件前的三角形按钮，将其展开。单击“Zoom”文件夹前的三角形按扭，将其展开，然后选择“跟踪缩放”转换效果，如图 4-1-6 所示。

将“跟踪缩放”转换效果拖动到时间线窗口中素材“01.jpg”与“02.jpg”之间，即可添加跟踪缩放样式的转场效果，如图 4-1-7 所示。

图 4-1-6　“跟踪缩放”转换效果

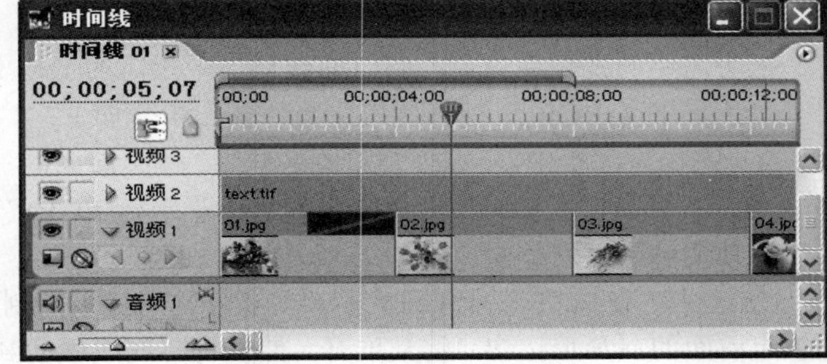

图 4-1-7　添加视频转换效果

在时间窗口中，双击素材“01.jpg”和“02.jpg”间视频转换效果的图标，在打开的特效控制面板中，将转换效果的持续时间的值改为“00; 00; 02; 00”，使转换效果的持续时间为 2 秒，如图 4-1-8 所示。

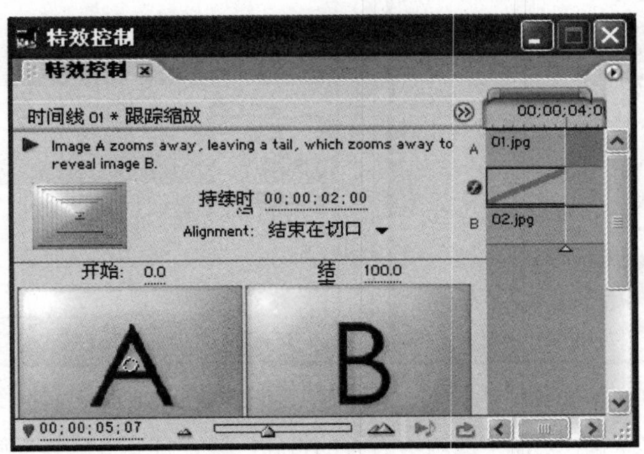

图 4-1-8　修改转换时间

使用同样的方法，依次在视频 1 轨道中的其余相邻素材间添加：方格擦除、风车、带状滑行、螺旋盒子、棋盘格、涂料泼溅、滑行带子、漩涡、交叉溶解和圆形划像转换效果，并将各个转换效果的持续时间改为 2 秒，如图 4-1-9 所示。

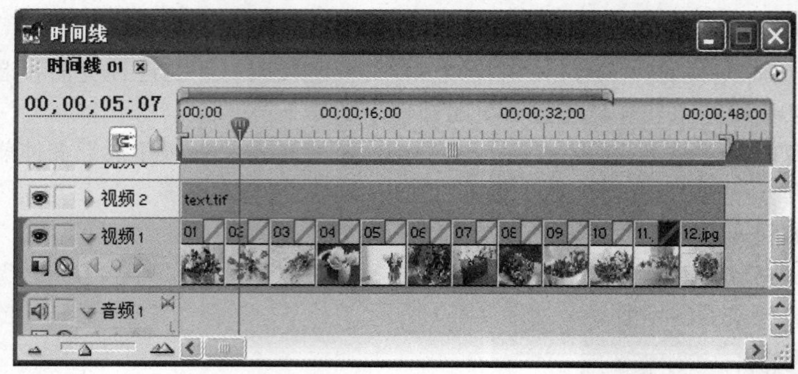

图 4-1-9　全部添加视频转换效果

7. 应用视频特效

把所需要的视频特效拖动到时间线窗口中指定的素材上即可。本例中素材“text.tif”运用了“色彩平衡(RGB)”视频特效，具体操作步骤如下：

(1) 在特效面板中，单击“视频特效”文件夹前面的三角形按钮将其展开，然后展开“Image Control”文件夹，选择其中的“色彩平衡(RGB)”视频特效，如图 4-1-10 所示，然后将其拖动到时间线窗口的“text.tif”素材上。

(2) 选择“窗口”|“特效控制”命令，在打开的特效控制面板中，单击“色彩平衡(RGB)”选项组前面的三角形按钮，将其展开。然后将时间线移动到“00; 00; 00; 00”的位置，分别单击“Red”、“Green”和“Blue”前面的“固定动画”按钮，在该时间线位置为“Red”、“Green”和“Blue”选项各添加一个关键帧，如图 4-1-11 所示。

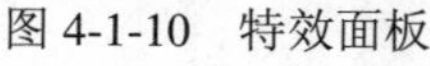

图 4-1-10　特效面板

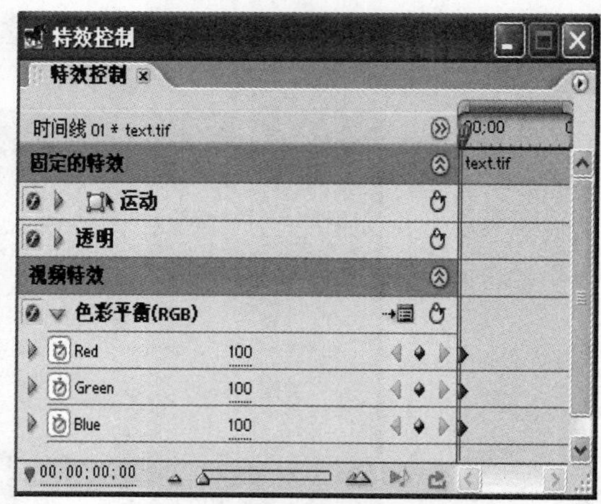

图 4-1-11　特效控制面板

(3) 单击“色彩平衡(RGB)”选项组右方的按钮，打开“色彩平衡设置”对话框，将“红色”、“绿色”和“蓝色”的值都设为 200，如图 4-1-12 所示，然后点击“确定”按钮。

(4) 在时间线窗口将时间线移动到“00; 00; 16; 00”的位置，然后分别单击“Red”、“Green”和“Blue”选项后面的“添加/删除关键帧”按钮。在该时间位置为各选项添加另一个关键帧，并将 Red 值改为 80，Green 的值改为 0，Blue 的值改为 200，如图 4-1-13 所示。

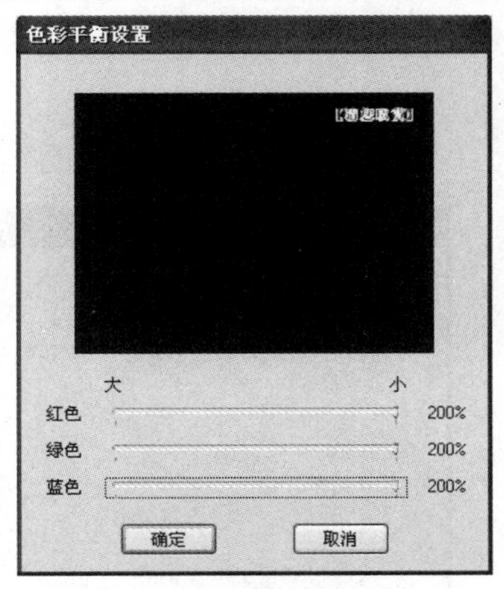

图 4-1-12　“色彩平衡设置”对话框

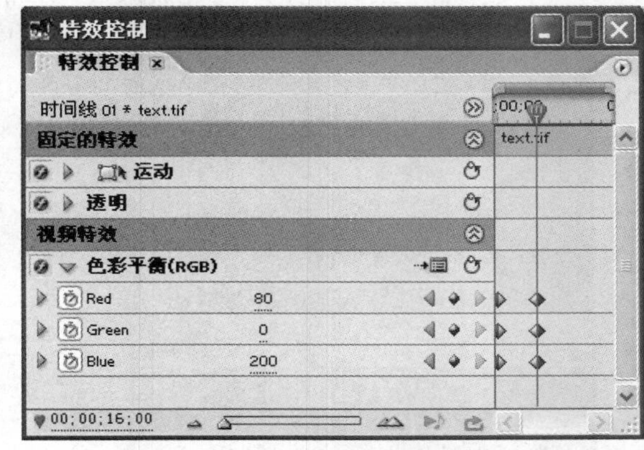

图 4-1-13　设置关键帧和参数

(5) 将时间线移动到“00; 00; 32; 00”的位置，然后为各选项添加一个关键帧并设置Reb 的值为 200、Green 的值为 200、Blue 的值为 0，如图 4-1-14 所示。

(6) 将时间线移动到“00; 00; 48; 00”的位置，然后为各选项添加一个关键帧，并设置各选项的值为 100，如图 4-1-15 所示。

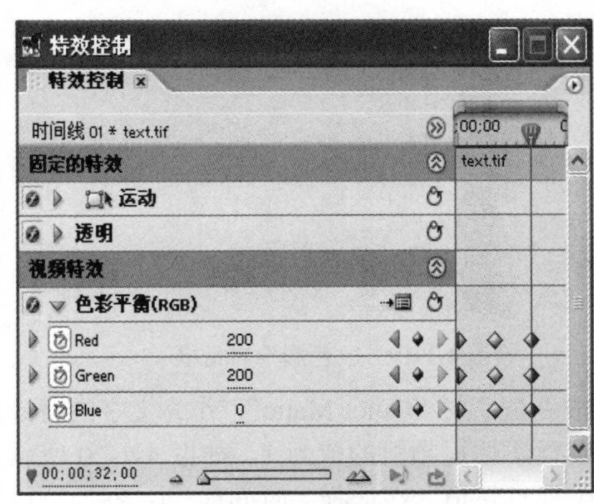

图 4-1-14　设置关键帧和参数

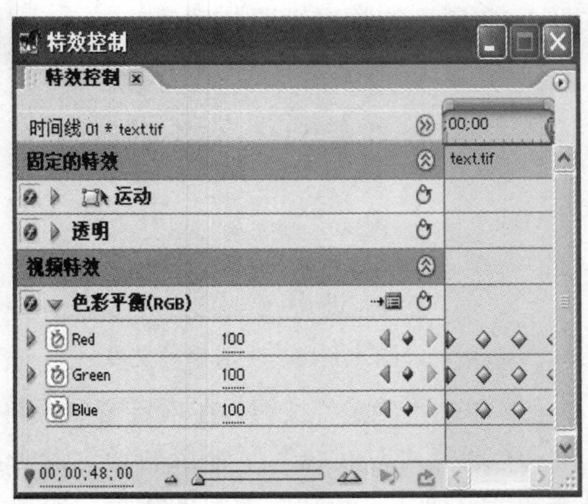

图 4-1-15　设置关键帧和参数

8．添加字幕效果

字幕效果是影视制作中常用的信息说明形式，本实例中主要运用了字幕的爬行效果，具体操作步骤如下：

(1) 选择“文件”|“新建”|“字幕”命令或者按“F9”键，即可打开一个“字幕设计”窗口，单击“类型工具”按钮T，然后在文字编辑区下方单击并输入文字内容，为了方便，这里只输入了一行字母。勾选“目标风格”对话框中的“填充”复选框，并将其颜色设置为红色，字体大小设为 30.0。如图 4-1-16 所示。

(2) 在该窗口中左上角的“字幕类型”列表中选择“爬行”选项，然后单击该选项右方的“滚动/爬行选项”按钮，打开“滚动/爬行选项”对话框，勾选“开始屏幕”和“结束屏幕”复选框，如图 4-1-17 所示，然后单击“确定”按钮。

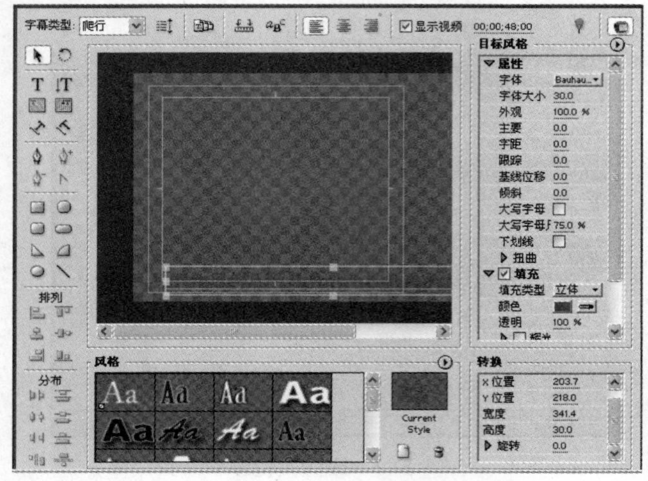

图 4-1-16　编辑文字

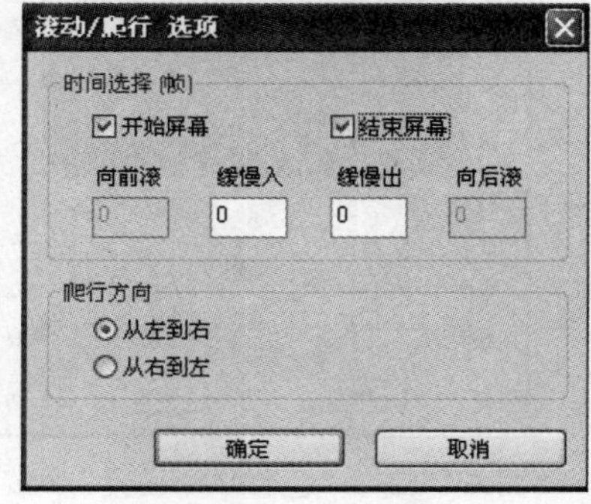

图 4-1-17　“滚动/爬行选项”对话框

(3) 按“Ctrl+S”组合键对编辑好的字幕进行保存，并以“诗”命名，将其保存在电脑指定的目录下。保存后的字幕文件会自动出现在项目窗口中，如图 4-1-18 所示。

(4) 选择“文件”|“新建”|“Color Matte”命令，在打开的“色彩”对话框中，根据图 4-1-19 所示的数据设置其颜色。

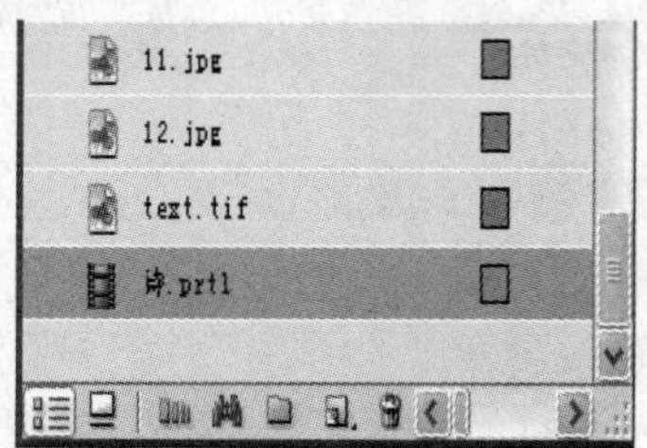

图 4-1-18　生成字幕文件

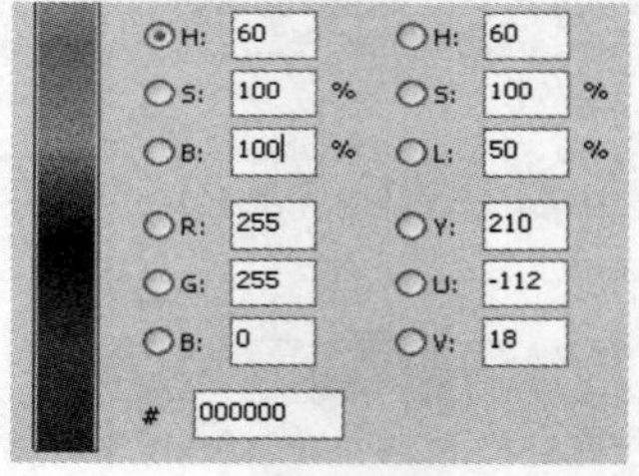

图 4-1-19　“色彩”对话框

(5) 单击“确定”按钮，在项目窗口中将生成新建素材“Color Matte”，作为文字的背景。

(6) 选择“时间线”|“添加轨道”命令，设置添加视频轨的值为 1，如图 4-1-20 所示，然后单击“确定”按钮，为时间线窗口添加一个视频轨道。在选择“时间线”|“添加轨道”命令后，弹出的对话框中默认会同时添加一个视频轨道和一个音频轨道，所以需要注意将“音频轨”选项中数值设为 0。

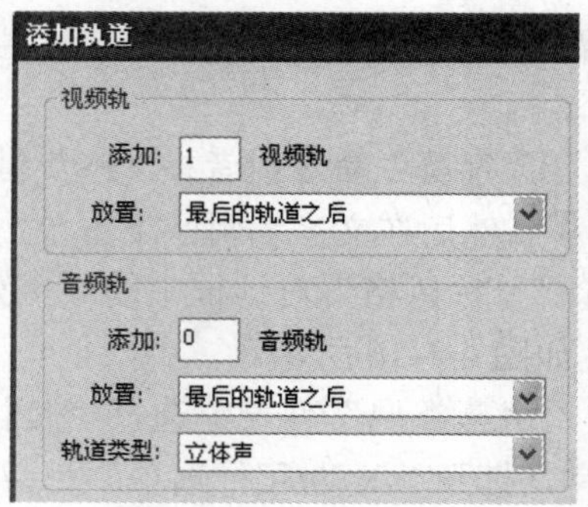

图 4-1-20　添加视频轨

(7) 将素材“诗.prtl”拖动到时间线窗口的视频 4 轨道中，将素材“Color Matte”拖动到视频 3 轨道中。把鼠标放在素材“Color Matte”右端，出现形状⇹光标时，按住鼠标左键向右拖动，调节它的持续时间与视频轨道 2 一样，同样调整素材“诗.prtl”的持续时间也与视频轨道 2 一样，如图 4-1-21 所示。

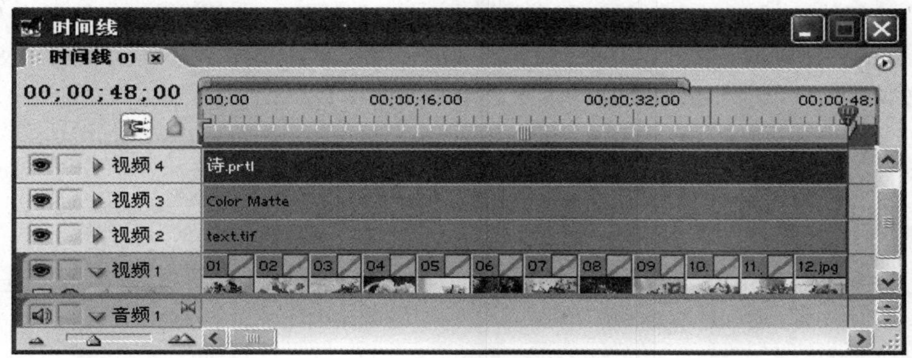

图 4-1-21　在时间线窗口中添加素材

(8) 在时间线窗口中选择 3 轨道中的素材“Color Matte”，然后选择“窗口”|“特效控制”命令，在打开的特效控制面板中，根据图 4-1-22 所示对素材“Color Matte”在影片画面中的位置及高度进行修改(先取消“等分标度”)。

图 4-1-22　特效控制面板

(9) 拖动时间线，在节目预览窗口中可以看到添加爬行字幕后的效果。

9. 添加音频效果

在编辑好视频素材后，需要为影片添加音频效果，以完善影片的制作。在 Premiere pro1.5 中，对音频素材的编辑方法与视频素材的编辑方法相似。本例中编辑音频素材的具体方法如下：

将已导入在项目窗口中的音频素材“1.wav”拖动到时间线窗口的音频 1 轨道中，将其入点放置在“00; 00; 00; 00”处，即可为影片添加音乐背景效果。

10. 为素材制作淡入淡出效果

在 Premiere pro1.5 中，通常使用改变关键帧位置的方法，为素材制作淡入淡出效果。

本实例中为素材淡入淡出效果的操作步骤如下：

(1) 单击视频 2 轨道中的三角形按钮将其展开，然后单击“显示关键帧”按钮，在弹出的菜单中选择“显示关键帧”命令，如图 4-1-23 所示。

(2) 将时间线分别移动到“00; 00; 00; 00”和“00; 00; 02; 00”位置，单击“添加/删除关键帧”按钮，在这两个时间位置为素材“text.tif”各添加一个关键帧，然后将“00; 00; 00; 00”处的关键帧向下拖动(鼠标移到关键帧的位置，鼠标光标下有一小圆圈)，使该帧的不透明度降为 0，以制作出该素材的淡入效果，如图 4-1-24 所示。

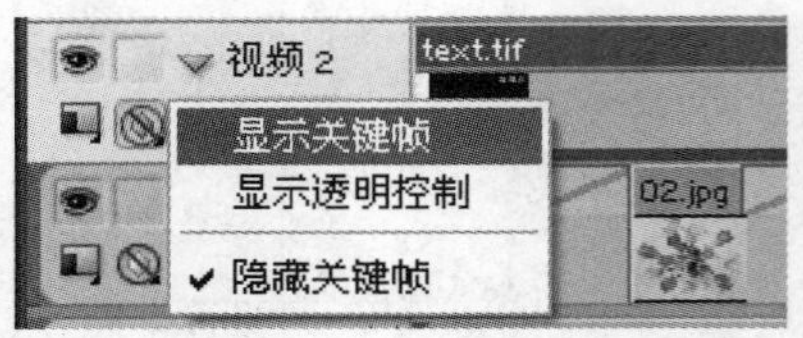

图 4-1-23　显示关键帧

图 4-1-24　素材的淡入效果

(3) 将时间线分别移动到“00; 00; 46; 00”和“00; 00; 48; 00”位置，单击“添加/删除关键帧”按钮，在这两个时间位置为素材“text.tif”各添加一个关键帧，然后将“00; 00; 48; 00”处的关键帧向下拖动，使该帧的不透明度降为 0，以制作出该素材的淡出效果，如图 4-1-25 所示。

(4) 使用相同的方法，为视频 1 轨道中的素材“12.jpg”制作淡出的效果，为视频 3 轨道中的素材“Color Matte”制作淡入淡出的效果，为音频 1 轨道中的素材“1.wav”制作淡出的效果，如图 4-1-26 所示。

图 4-1-25　素材的淡出效果

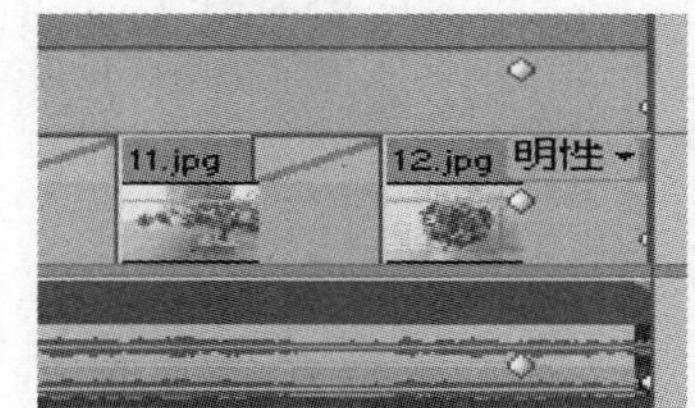

图 4-1-26　淡出的效果

11．预览影片

监视器窗口中单击“播放/停止”按钮，对编辑完成的影片进行播放预览，选择“文件”|“保存”命令，将编辑好的文件保存下来。

12．输出影片

输出影片是将编辑好的项目文件以视频的格式输出，在输出影片时可以根据实际需要为影片选择一种压缩格式，后面章节还会专门讲述。

(1) 选择“文件”|“输出”|“影片”命令，打开“输出影片”对话框，在“文件名”文本框中输入影片名称“花艺欣赏”。

(2) 单击“设置”按钮，在打开的“输出电影设置”对话框中选择“常规”页面，然后在“文件类型”下拉列表中选择“Microsoft AVI”选项，保持其他项不变，如图 4-1-27 所示。

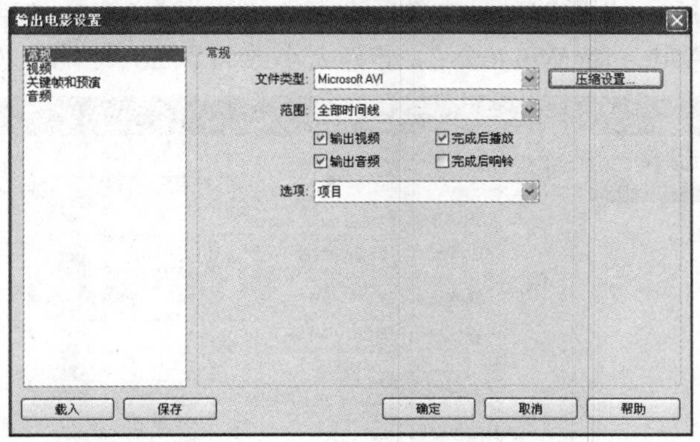

图 4-1-27　“常规”页面设置

(3) 选择“视频”页面，在“压缩方式”选项中选择“Intel Indeo?Video 4.5”，设置“屏幕大小”为 640 宽、480 高，保持其他选项不变，如图 4-1-28 所示，然后单击“确定”按钮，返回“输出影片”对话框中。

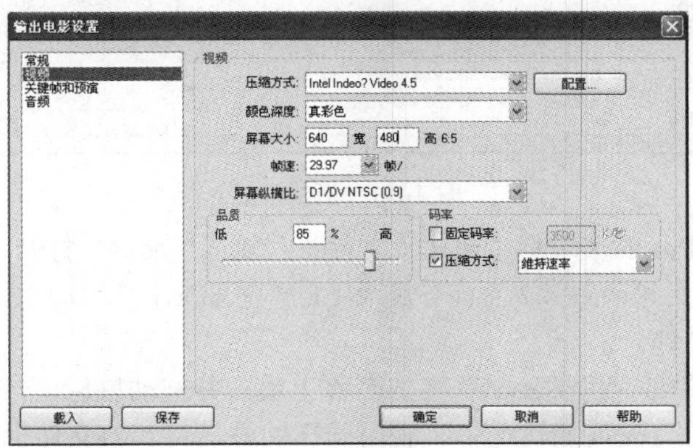

图 4-1-28　“视频”页面

(4) 在“输出影片”对话框中选择好保存路径，然后单击“保存”按钮，便可以输出影片。最后使用 Windows Media Play 观看影片的完成效果。

项目 4.2　视频特效的应用

训练目标和要求

掌握视频制作中加入各种动感特效。

拓展训练项目

制作一个短片《看海》，练习转场效果和视频特效的使用方法，具体步骤如下：

(1) 在桌面上单击快捷方式，打开 Premiere Pro1.5 应用程序。在弹出的欢迎界面中单击“新项目”按钮创建一个新的项目文件，命名为“看海”。选择“自定义设置”选项卡，在编辑模式中选择“Video for Windows”，屏幕大小改为“720 × 576”，如图 4-2-1 所示设置。

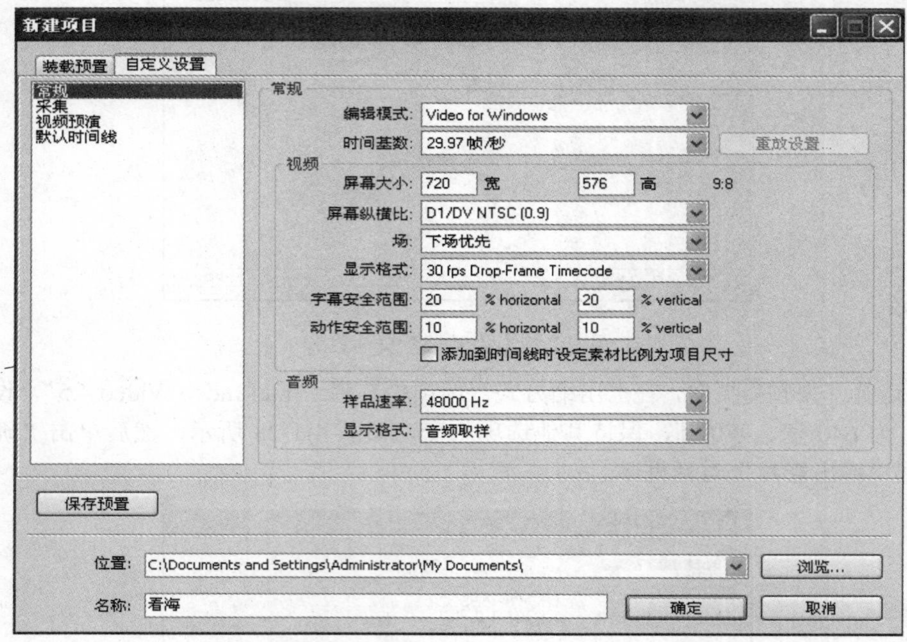

图 4-2-1　新建项目

(2) 在 Premiere Pro 的菜单栏中单击“文件”|“输入”命令，打开“输入文件”对话框，输入光盘的“学习单元 4\项目 4.2\看海”目录下的“渔船.avi ”、“海水.avi”、“海边建筑.avi”和“看海.avi”4 个文件。

(3) 在项目窗口中的“渔船.avi ”文件名称上单击并拖动鼠标，光标变成拖动符号。将文件拖动到“Video1”(视频 1)轨道中。利用同样的方法将其他文件也拖动到视频轨道中，并调整它们在轨道中的位置，如图 4-2-2 所示。

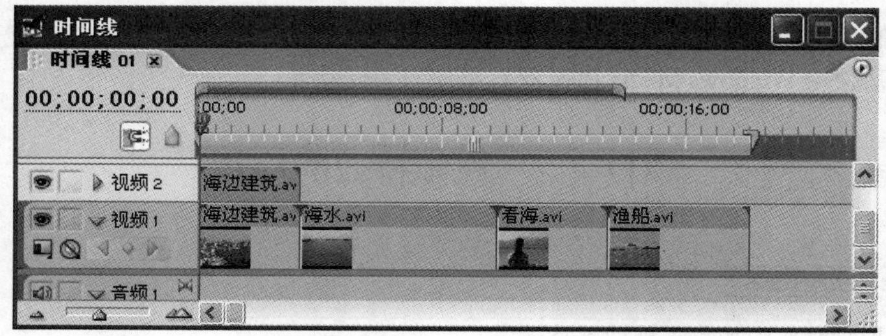

图 4-2-2　拖动素材到视频轨道中

(4) 在“特效”面板中选中“视频特效”|“画面控制”|“黑白效果”，如图 4-2-3 所示。然后将“黑白效果”拖动至“Video2”(视频 2)轨道中的“海边建筑.avi”视频片段上，便可以将这个特效添加给片段，添加了特效后的视频片段上出现一条紫色的线，如图 4-2-4 所示。

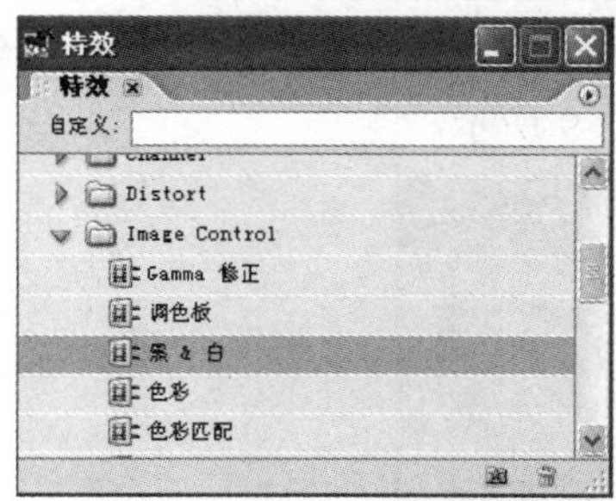

图 4-2-3　选择视频效果

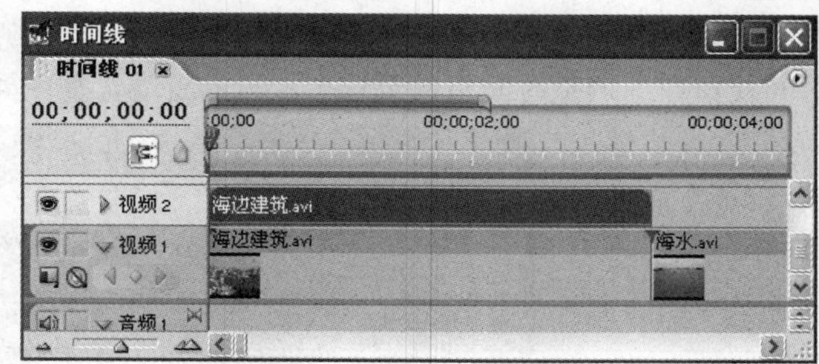

图 4-2-4　添加视频特效

(5) 在“特效”面板中选中“视频过渡效果”|“Dissolve”|“交叉溶解”，如图 4-2-5 所示。把选中的过渡效果拖动至“Video2”(视频道)轨道中的“海边建筑.avi ”视频片段上，调整过渡效果的长度到整个片段，如图 4-2-6 所示。

图 4-2-5　交叉溶解

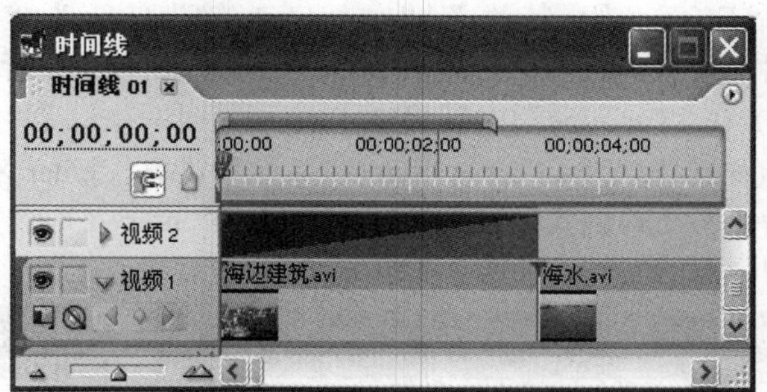

图 4-2-6　调整过渡效果的长度

(6) 在“特效”面板中选中“视频特效”|“渲染”|“Lens Fare(镜头光晕)”，如图 4-2-7 所示，然后将“镜头光晕”拖动至“Video1”(视频 1)轨道中的“海水.avi”视频片段上，释放鼠标后系统弹出“镜头光晕设置”对话框，在这个对话框中拖动代表光晕中心的“+”，调整其位置到画面右上角，如图 4-2-8 所示，单击“OK”按钮关闭这个对话框。

图 4-2-7　Lens Fare(镜头光晕)

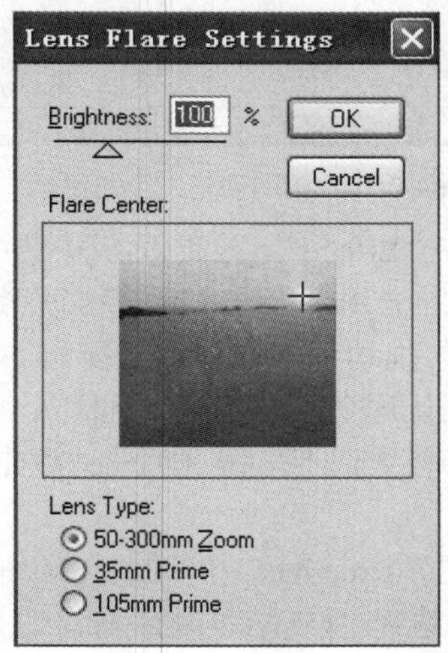

图 4-2-8　“Lens Fare Settings(镜头光晕设置)”对话框

(7) 添加了“Lens Flare”视频特效后，“海水.avi”视频片段上也出现了一条紫色的线。在时间线窗口中调整时间指针至这个片段的首端，如图 4-2-9 所示。

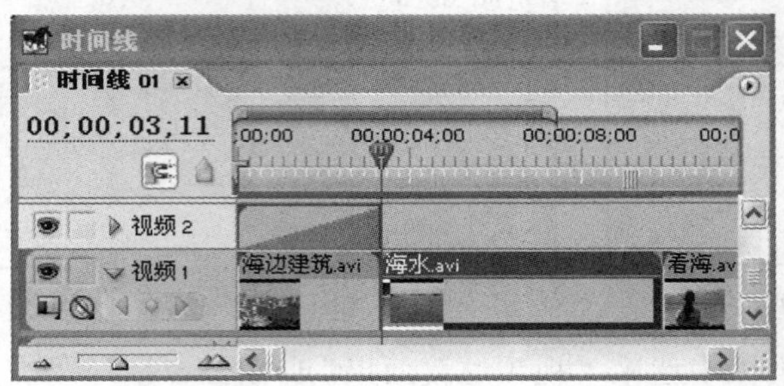

图 4-2-9　调整时间指针

(8) 确认“海水.avi”片段处于选中状态，在“Effect Contro1”(特效控制)面板中单击“Video Effects(视频特效)”|“Lens Flare(镜头光晕)”|“Center X(X 轴中心)”前的按钮，在时间指针所在的位置创建一个关键帧，如图 4-2-10 所示。

(9) 在“Timeline”(时间线)窗口中调整时间指针至“海水.avi”片段的尾端。单击“Video Effects(视频特效)”|“Lens Flare(镜头光晕)”|“Center X(X 轴中心)”右侧按钮，在当前时间指针所在的位置创建关键帧，并将“Center X”(X 轴中心)的值为改 0.2，调整光晕的中心到画面的左侧，如图 4-2-11 所示。

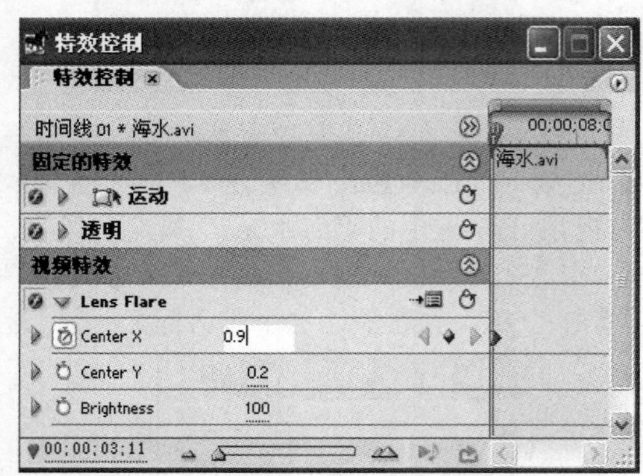

图 4-2-10　始端创建一个关键帧

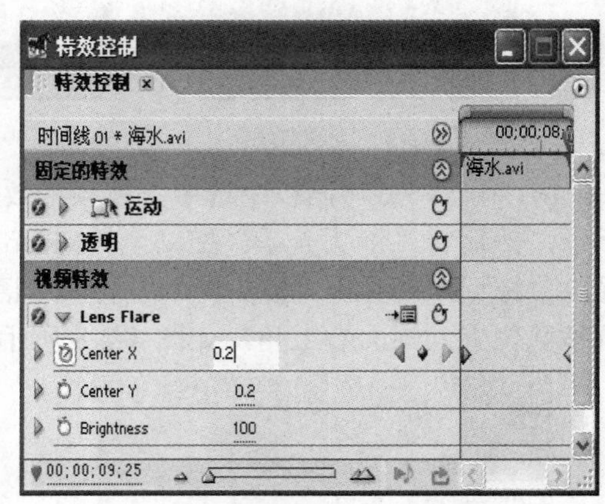

图 4-2-11　尾端创建一个关键帧

(10) 在“Effects”(效果)面板中选中“Video Effects(视频特效)”|“Image Control(画面控制)”|“Color Balance (RGB)(色彩平衡)”，如图 4-2-12 所示，然后将“Color Balance (RGB)(色彩平衡)”拖动至“Video1”(视频 1)轨道中的“看海.avi”视频片段上。

(11) 确认这个片段处于选中状态，在“Effect Controls”(特效控制)面板中设置“Video Effects(视频特效)”|“Color Balance (RGB)(色彩平衡)”下的 3 个颜色值均为 120，如图 4-2-13 所示。

(12) 在“Timeline”(时间线)窗口的“看海.avi”视频片段上单击鼠标右键，在弹出的快捷菜单中选择“Copy(复制)”命令。然后在“渔船.avi”视频片段上单击鼠标右键，在快捷菜单中选择“Paste Attributes(粘贴属性)”命令，将添加在“看海.avi”视频片段上的视频特效复制到“渔船.avi”视频片段上。

图 4-2-12　选中色彩平衡

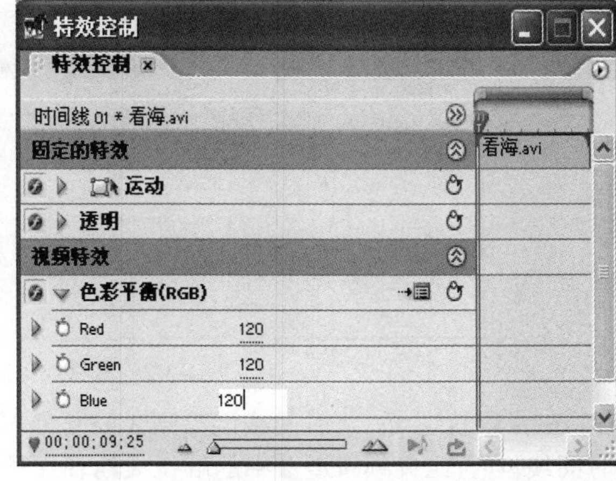

图 4-2-13　色彩平衡(RGB)

(13) 至此，视频特效的添加过程完成。在“Monitor”(监视器)窗口节目视图下单击按钮▶播放整个节目片段进行预览。在菜单栏中单击“File(文件)”|“Save(保存)”命令，保存文件。

项目 4.3　音 频 编 辑

训练目标和要求

掌握单声道、多声道音频制作以及音频特效的应用。

拓展训练项目

一、音乐和解说立体声合成应用举例

本例是将几小段录音解说连接起来，并配以背景音乐。实例及素材路径在光盘的“学习单元 4\项目 4.3 音乐解说合成”。操作步骤如下：

(1) 启动 Premiere Pro1.5 并新建项目“音乐解说合成.prproj”，从文件夹“光盘\学习单元 4\项目 4.3 音乐解说合成”导入“背景音.wav”、“begin.WAV”、“1.WAV”、“2.WAV”、“3.WAV”、“4.WAV”、“end.WAV”等声音素材，如图 4-3-1 所示。

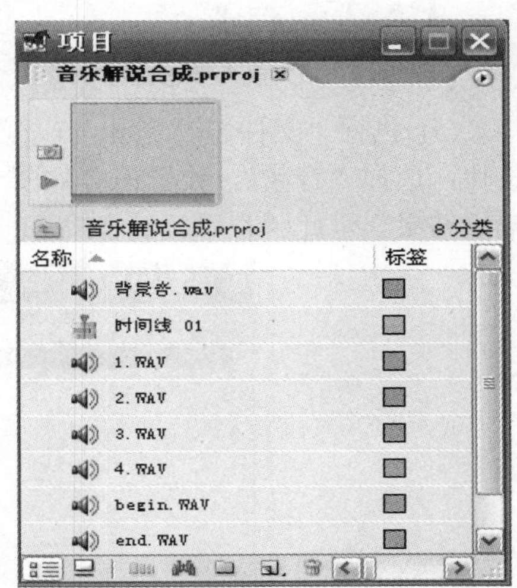

图 4-3-1　导入素材

(2) 在时间线窗口将素材“背景音.wav”拖动到音频轨道 1，重复两次，使音频轨道 1 中有连续三段“背景音.wav”素材。选中音频轨道 2，将时间线调整到 2 秒末，将素材从第 2 秒末处将“begin.WAV”、“1.WAV”、“2.WAV”、“3.WAV”、“4.WAV”、

“end.WAV”依次放入音频轨道 2，如图 4-3-2 所示。

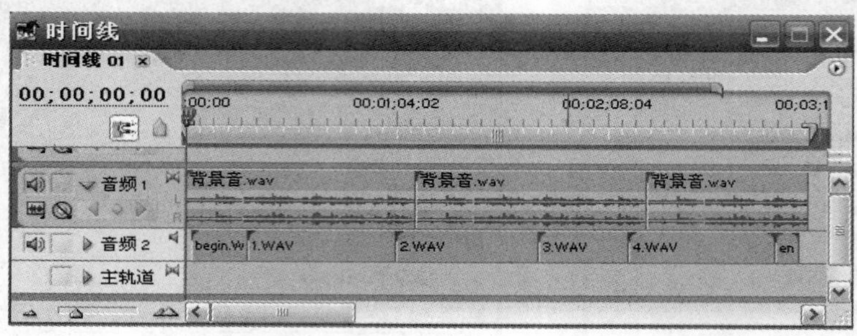

图 4-3-2　素材放入时间线

(3) 在音频轨道 1，将时间线调整到 3 分 9 秒末，将第三段素材“背景音.wav”缩短到当前时间线位置(比音频轨道 2 中的解说大约长 3 秒)。

(4) 在音频轨道 1 显示轨道关键帧，分别在 0 秒和 2 秒末创建关键帧，并将 0 秒处关键帧拖到最低(开始处音量为 0)，2 秒末处关键帧往下拖至一半(背景音音量减小一半)，如图 4-3-3 所示。将时间线调整到素材“end.WAV”的末端，在此处为音频轨道 1 创建关键帧；把时间线调整到第三段“背景音.wav”末端并创建关键帧，将背景音末端音量调至 0，如图 4-3-4 所示。在监视器中试听合成效果。

图 4-3-3　淡入效果并减小音量

图 4-3-4　淡出效果

(5) 执行“文件”|“输出”|“音频”命令，在“输出音频”对话框中，单击“设置”按钮，选择“音频”，设置内容如图 4-3-5 所示。完成后按“确定”，并以默认文件名保存输出结果。至此“音乐解说合成.wav”合成音乐制作结束。

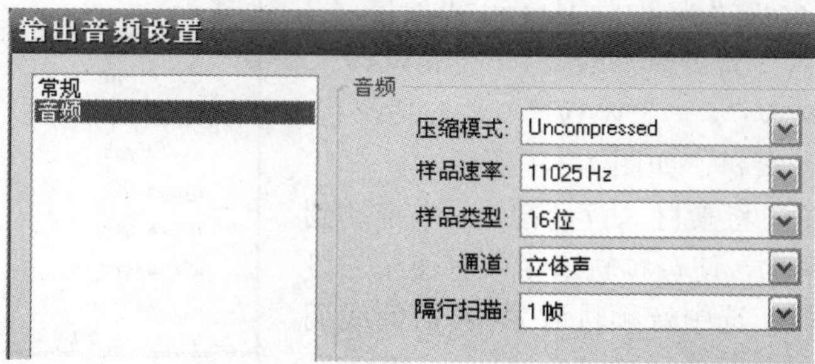

图 4-3-5　输出音频设置

二、创建 5.1 声道环绕音频序列

1．5.1 声道的排列原理

所谓 5.1 声道就是包含一个低波段辅助低音扬声器以及两个前置、两个后置和一个中央的六声道的音频系统。创建 5.1 声道环绕立体声的音频轨道，就是把单声道组成的音频片段配置到这六个声道上，把每个“偏移/平衡”分配到 5.1 声道协议允许的中央、前左、前右、后左、后右以及 LFE 的辅助低音扬声器。

LFE(Low-Frequency Effects)通过辅助低音扬声器来输出 120 Hz 以下的低音。除了 LFE 之外的其他轨道分别按声道独立输出，低音部分混合了 5 个声道输出，所以不称为 6 个声道，而称为 5.1 声道。

2．制作前的准备

在制作之前除了要准备素材之外，还要在系统里进行设置。打开“控制面板”|“声音和音频设备”|“音量”选项卡|“扬声器设置”|“高级”，在“高级音频属性”面板里的扬声器设置下拉列表中选择“5.1 环场扬声器”，来设置音效，以便使用最合适的效果，如图 4-3-6 所示。

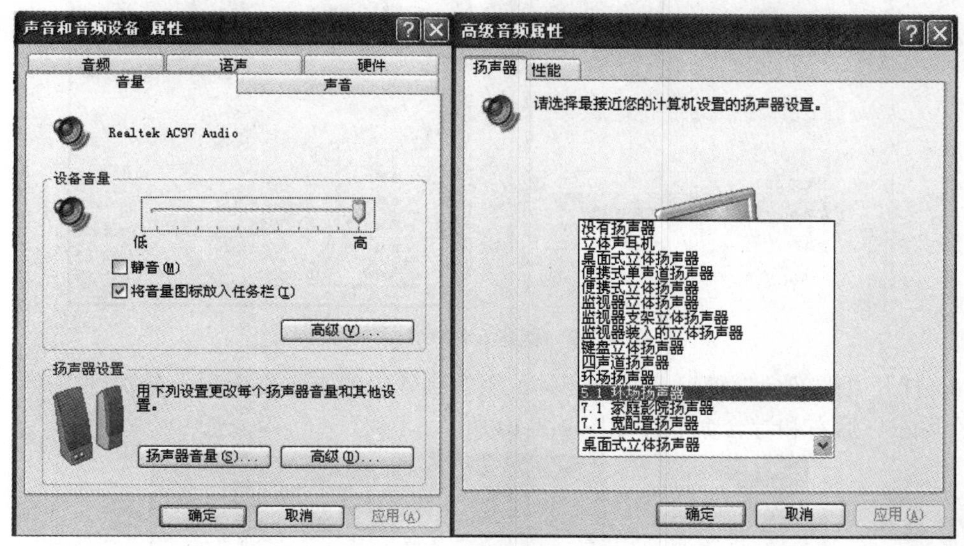

图 4-3-6　系统音频设置

3．设置主轨道

在创建 5.1 声道环绕音频之前需要先设置轨道。其操作步骤如下：

(1) 选择主菜单中的“文件”|“新建”|“项目”命令，新建一个项目“Audio”，如图 4-3-7 所示。

(2) 选择主菜单中“项目”命令，打开“项目设置”对话框中的“默认时间线”选项组，在“主要的”下拉列表中选择“5.1”选项，如图 4-3-8 所示，然后单击“确定”按钮即可。

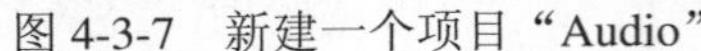
图 4-3-7　新建一个项目“Audio”

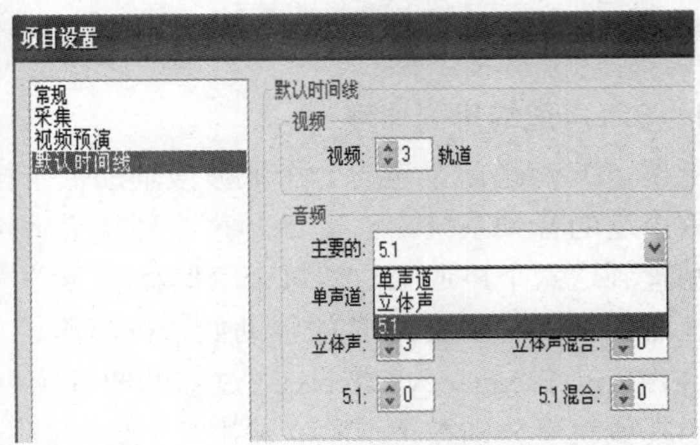

图 4-3-8　设置主轨道

4. 制作 5.1 声道环绕音频

(1) 首先在创建好的项目中，选择“窗口”|“工作窗口”|“音频编辑”命令，以音频编辑模式进行操作。

(2) 选择“文件”|“新建”|“时间线”命令，打开“新建时间线”对话框，选择音频选项“主要的”下拉列表中的“5.1”，将音频轨道设置为 5.1 声道，如图 4-3-9 所示。

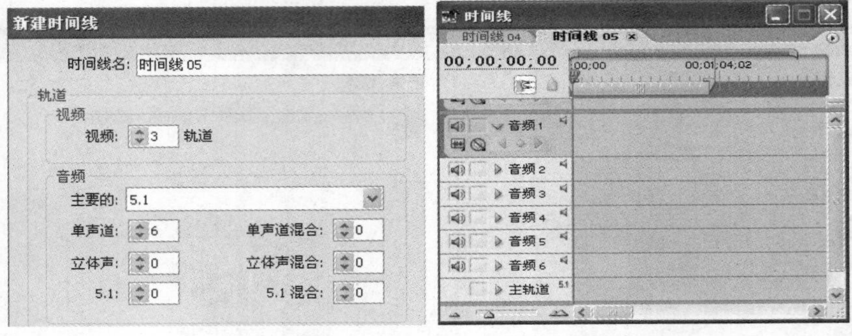

图 4-3-9　新建 5.1 声道音频轨道

(3) 打开“调音台”窗口，双击音频 1 至音频 6 中的文本框选项，分别以中央、前左、前右、后左、后右和综合命名，如图 4-3-10 所示。

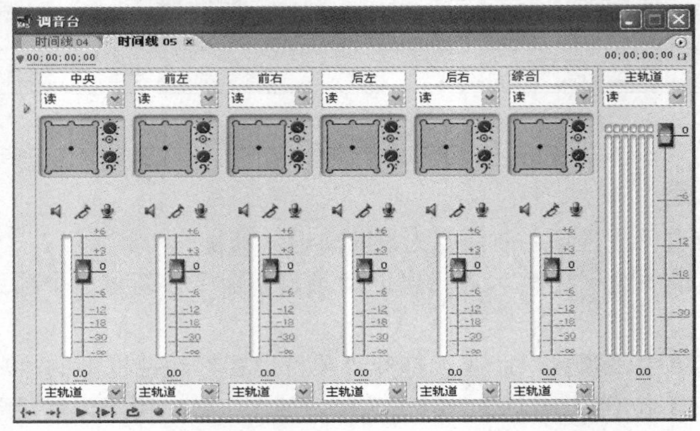

图 4-3-10　命名轨道

(4) 选择素材“例题 4.9.3”目录，导入声音文件“s1.mp3”～“s5.mp3”和“master.mp3”。并将其拖到相应轨道上，如图 4-3-11 所示。

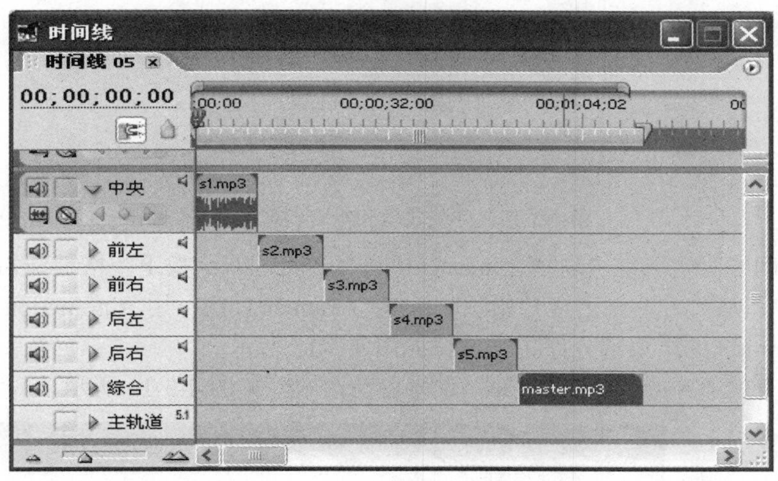

图 4-3-11　导入声音到轨道

(5) 在“调音台”面板中除了综合轨道外，将其他轨道的“Automation Mode”选项设置为“插销”，如图 4-3-12 所示。

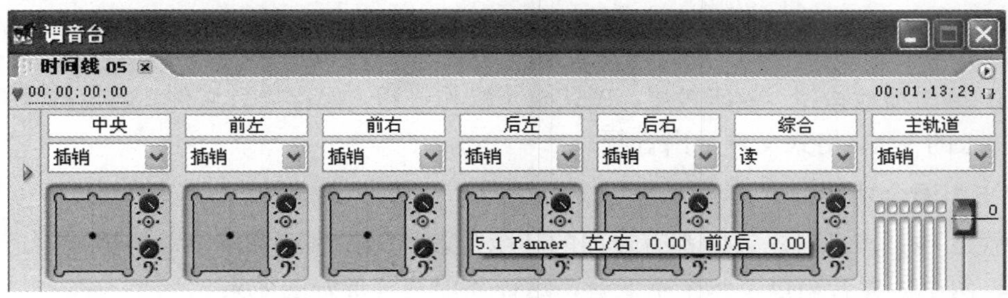

图 4-3-12　Automation Mode 选项设置

(6) 拖动并调整 5.1 专用 Panner 调制器，调整声音效果，如图 4-3-13 所示。

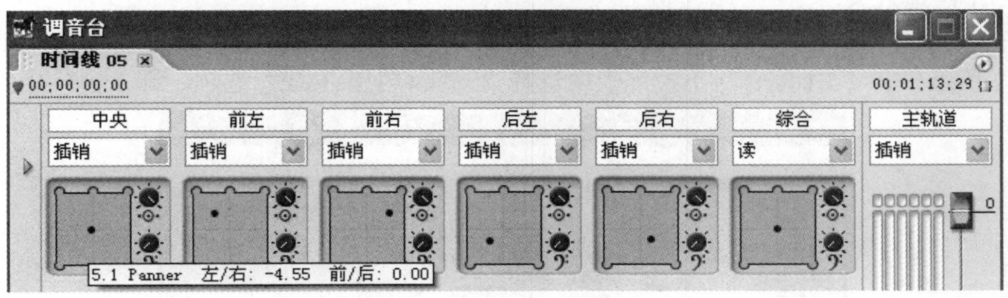

图 4-3-13　Panner 调制器

(7) 将中央轨道的音量滑块向上拖动，使其达到最大值(+6 dB)，将综合轨道的 LEF 音量设置为−6.2 dB，如图 4-3-14 所示。

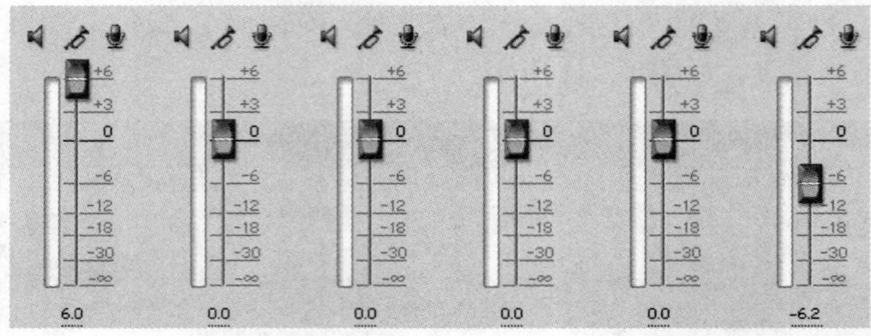

图 4-3-14 中央轨道和综合轨道的音量

(8) 将时间线固定到综合轨道上 master.mp3 的起始位置，按下空格键开始播放，在“调音台”面板中，从前方左侧声道开始顺时针拖动 Panner 视图，用 Automation Mode 记录之后，在 master.mp3 的结束部分停止播放，如图 4-3-15 所示。

(9) 将所有的“Automation Mode”设为自动读取，如图 4-3-16 所示。

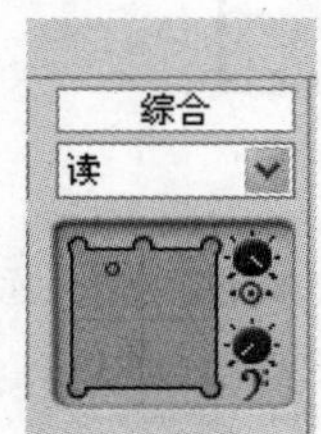

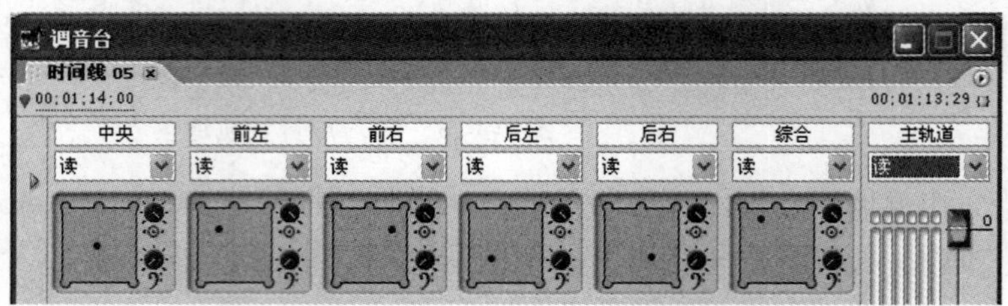

图 4-3-15 Panner 视图　　图 4-3-16 Automation Mode 设为自动读取

(10) 单击播放按钮，收听效果，确认整个操作过程，保存项目文件。确定符合要求后，将其以 5.1 的 WAV 格式文件导出音频。

5. 5.1 混合功能

在欣赏 5.1 声道时，通常都有专门的环境音效，比如家庭影院中需要根据声道配置两个前置、两个后置音箱以及一个重低音，这样才能达到最好的效果。

有时候只是在电视或者电脑上欣赏 DVD 时，没有这种环境，Premiere Pro1.5 为了解决这个问题，提供了一个 5.1 混合功能的设置。所谓 5.1 混合，就是在没有这种低声道环境下欣赏 5.1 声道效果。

在编辑好的 5.1 声道项目中选择“编辑”|“音频”，打开“参数选择”对话框，如图 4-3-17 所示。在“5.1 混合”下拉列表中选择“开头+结尾+LFE”选项，即 5.1 声道。

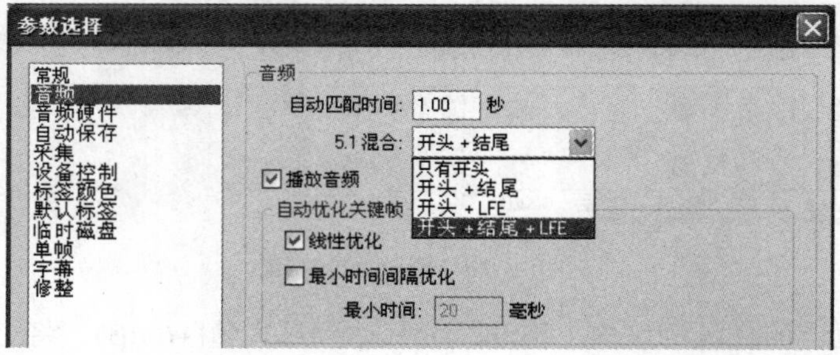

图 4-3-17 5.1 混合功能

这样在低声道的环境下也可以感受到类似于标准 5.1 声道的效果了。学会制作影视、音频作品后，配合 Adobe Encore DVD，便可以制作出高质量的 5.1 声道 DVD 光碟。

项目 4.4　综 合 实 例

训练目标和要求

通过综合应用项目进一步掌握视频制作方法。

拓展训练项目

一、《天气预报》栏目片头的制作

素材都收集在本书光盘的“学习单元 4\项目 4.4\天气预报栏目片头”中，下面就介绍它的具体制作方法。

1．创建新项目

启动 Premiere Pro1.5，在欢迎界面中单击“新建项目”按钮，打开“新建项目”对话框，选择“自定义设置”选项卡，在“常规”页面中的“编辑模式”下拉列表中选择“Video for Windows”选项，在“屏幕大小”文本框中设置的尺寸为 320(宽) × 240(高)，在“屏幕纵横比”下拉列表中选择“Square Pixels (1.0)”选项，在该对话框下方的“名称”文本框中输入文件名，保持其他选项不变，如图 4-4-1 所示。单击“确定”按钮，将其保存在指定的目录下，进入视频编辑模式窗口。

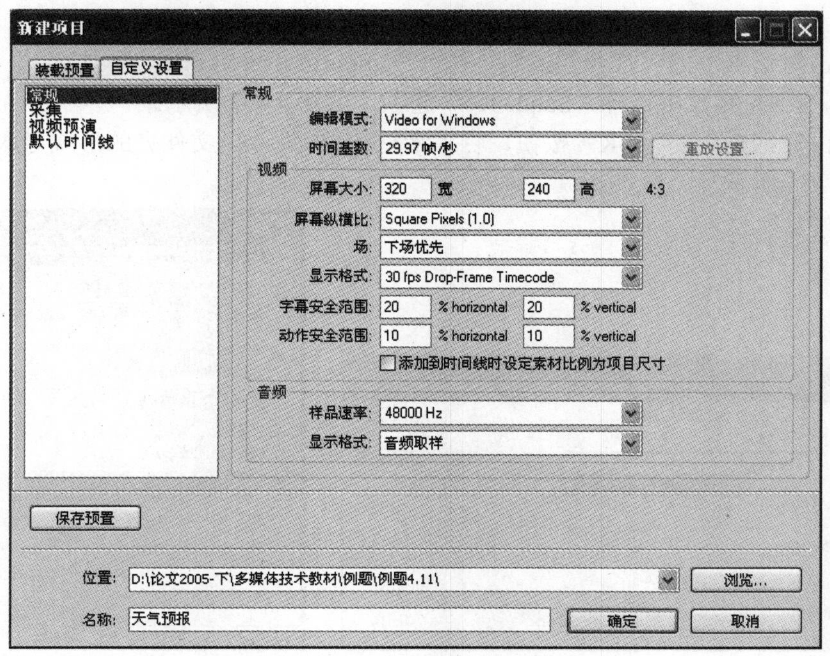

图 4-4-1　新建项目

2. 导入素材

(1) 选择“文件”|“导入”命令，打开“输入”对话框，选择本书配套光盘“学习单元 4\项目 4.4\天气预报栏目片头”目录下的“PAV21_2.MOV”和“PAV21_13.MOV”文件，如图 4-4-2 所示。(若不能直接导入，则安装 Quick Time4.0，光盘的 software 目录下附有此软件，选择完全安装模式)。

(2) 单击对话框中的“打开”按钮，将选择的素材文件导入到项目窗口中，如图 4-4-3 所示。

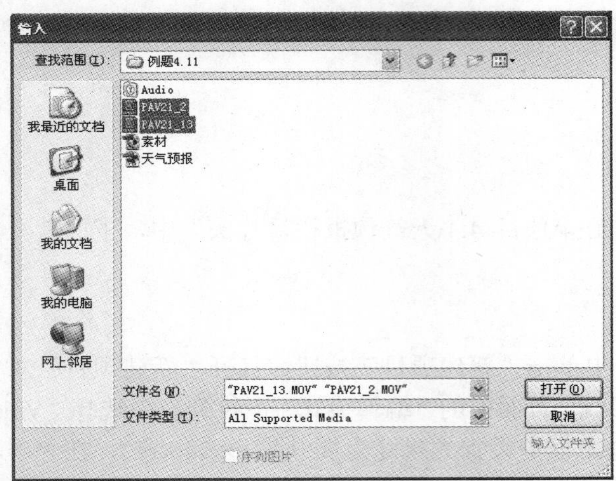

图 4-4-2　“输入”对话框

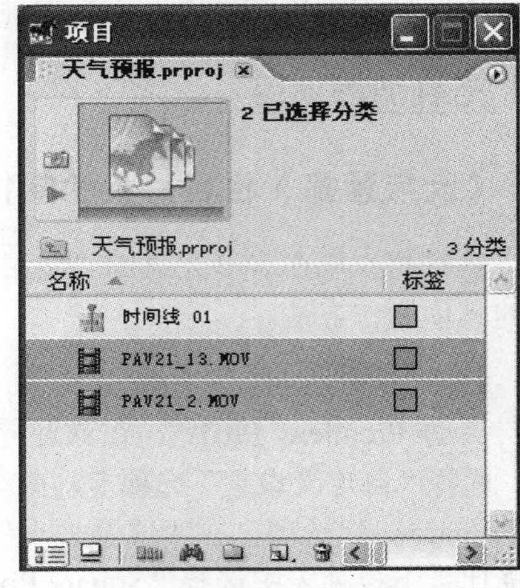

图 4-4-3　项目窗口

(3) 选择“文件”|“导入”命令，打开“输入”对话框，选择本书配套光盘“学习单元 4\项目 4.4\天气预报栏目片头”目录下的“素材.psd”文件。

(4) 单击对话框中的“打开”按钮，打开“Import Layered File：素材.psd”对话框，在“Import As”下拉列表中选择“Sequence”选项，如图 4-4-4 所示。

(5) 单击对话框中的“OK”按钮，将“素材.psd”文件以文件夹的形式导入到窗口中，效果如图 4-4-5 所示。

图 4-4-4　Import Layered File：素材.psd

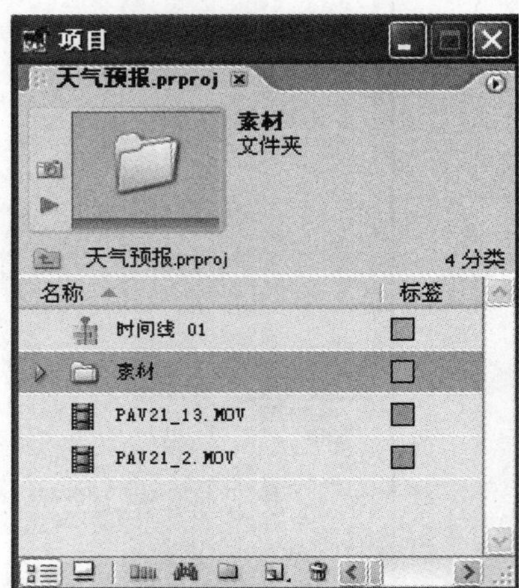

图 4-4-5　导入素材

3．对素材进行编辑

(1) 在项目窗口中选择“PAV21_2.MOV”素材。然后选择“素材”|“速度/持续时间”命令，如图 4-4-6 所示。

(2) 在打开的“速度/持续时间”对话框中，将持续时间改为 9 秒，如图 4-4-7 所示。

(3) 用同样的方法将“PAV21_13.MOV”素材的持续时间改为 9 秒。

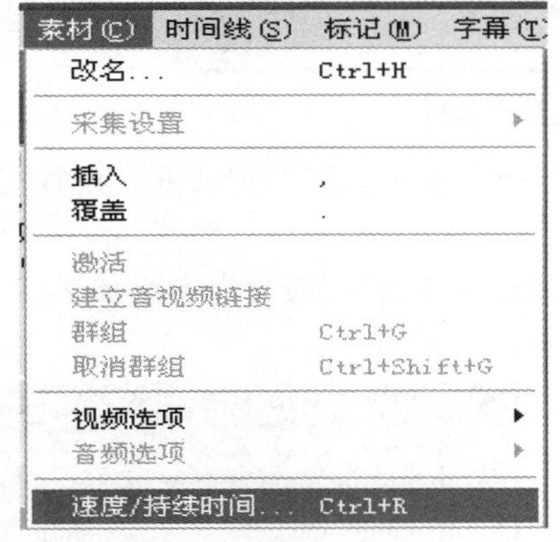

图 4-4-6　选择“素材”|“速度/持续时间”命令

图 4-4-7　“速度/持续时间”对话框

(4) 单击项目窗口中“素材”文件夹的三角形按钮，将该文件夹展开。然后修改各素材的持续时间，如图 4-4-8 所示。

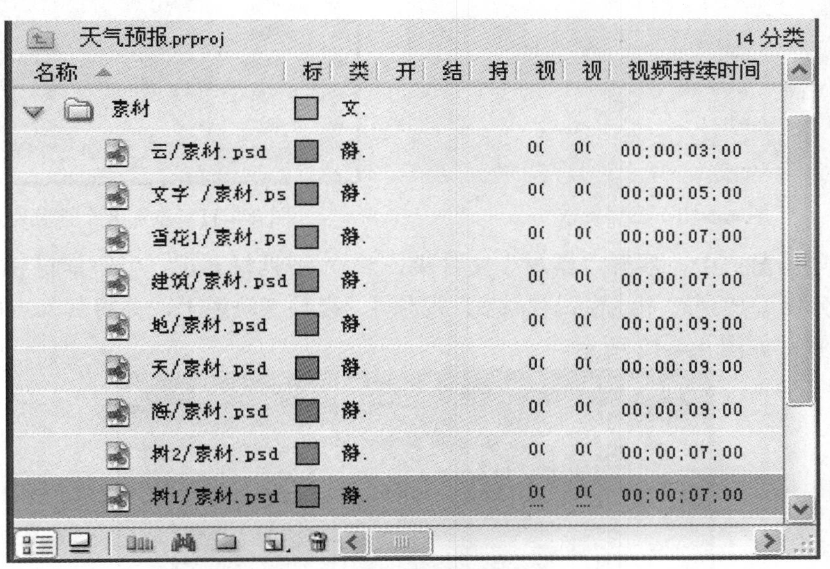

图 4-4-8　修改各素材的持续时间

4．组合素材片段

(1) 在项目窗口中选择“PAV21_2.MOV”素材，然后将其拖动到时间线窗口中视频 1 轨道上，将其入点放在 00; 00; 00; 00 的位置。将“PAV21_13.MOV”素材拖动到时间线窗口中视频 2 轨道上，将其入点放在 00; 00; 00; 00 的位置，如图 4-4-9 所示。

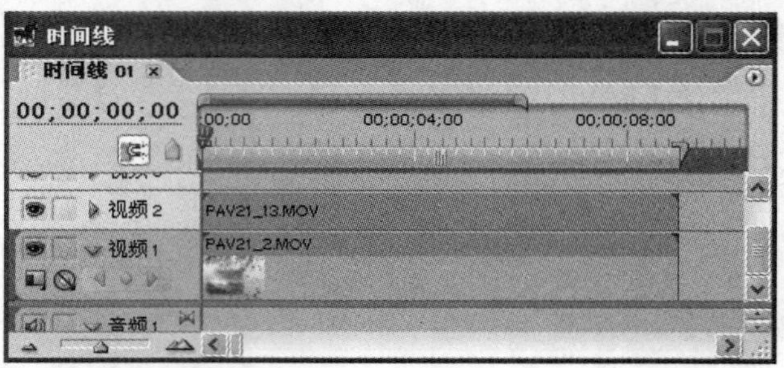

图 4-4-9　放入视频素材

(2) 选择“时间线”|“添加轨道”命令，打开“添加轨道”对话框，设置视频轨道的添加数量为 8，如图 4-4-10 所示。

(3) 单击“添加轨道”对话框中的“确定”按钮，在时间线窗口中添加了 8 个视频轨道，如图 4-4-11 所示。

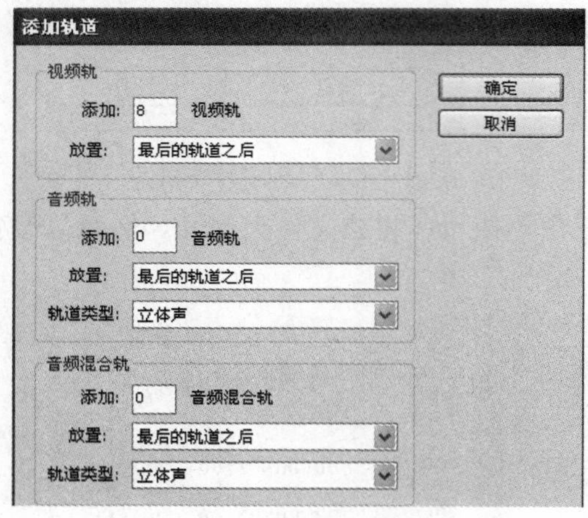

图 4-4-10　添加轨道　　　　图 4-4-11　添加 8 个视频轨道

(4) 在项目窗口中，展开“素材”文件夹，将“海/素材.psd”、“天/素材.psd”和“地/素材.psd”分别添加到时间线窗口视频 3、视频 4、视频 5 轨道上，并将其入点放在 00; 00; 00; 00 的位置，如图 4-4-12 所示。

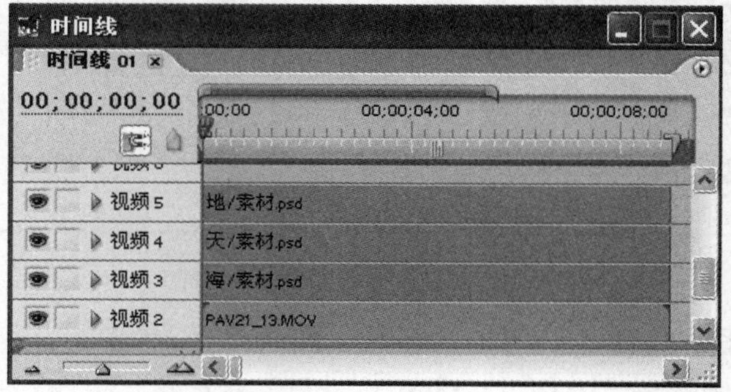

图 4-4-12　添加素材

(5) 在项目窗口中，将“建筑/素材.psd”、“树 2/素材.psd”、“树 1/素材.psd”和“雪花 1/素材.psd”分别添加到时间线窗口的视频 6、视频 7、视频 8 和视频 9 轨道上，将其点放在 00; 00; 02; 00 的位置，如图 4-4-13 所示。

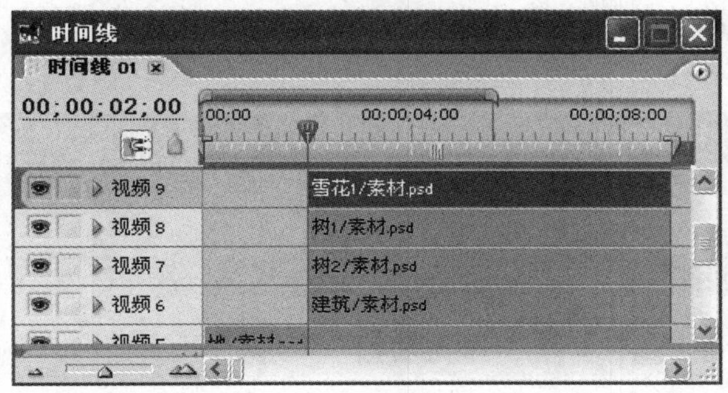

图 4-4-13　添加素材

(6) 将“文字/素材.psd”添加到时间线窗口的视频 10 轨道上，将其入点放在 00; 00; 04; 00 的位置，将“云/素材.psd”添加到时间线窗口的视频 11 轨道上，将其入点放在 00; 00; 06; 00 的位置，如图 4-4-14 所示。

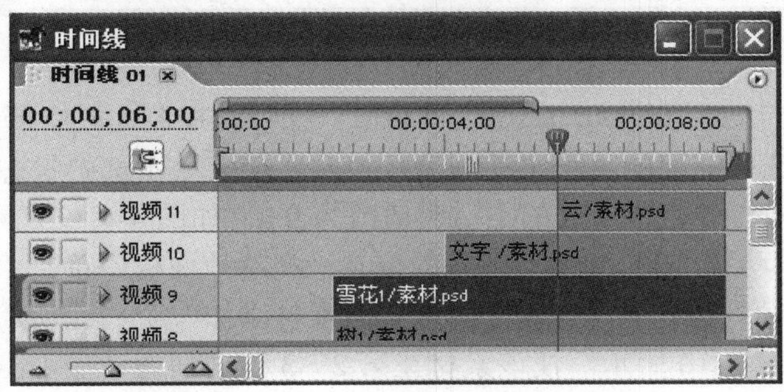

图 4-4-14　添加素材

5．运动效果制作

(1) 在时间窗口中，选择“PAV21_2.MOV”素材，然后选择“窗口”|“特效控制”命令，在打开的特效控制面板中，单击“运动”选项组前面的三角形按钮，将其展开。然后在“比例”选项中将比例值改为 50，如图 4-4-15 所示，使素材的大小适合于监视器窗口。

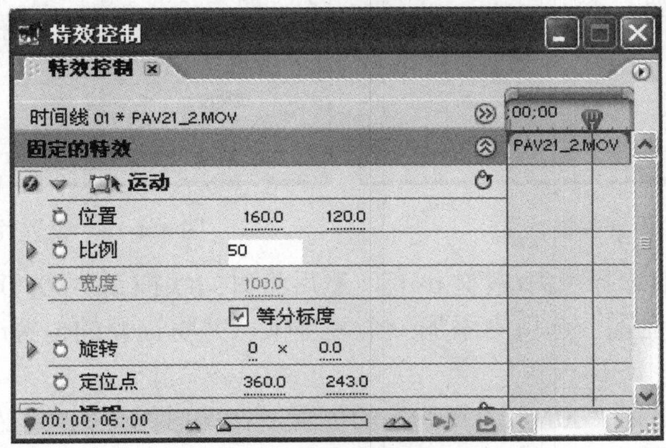

图 4-4-15　修改素材比例

(2) 时间线窗口中，选择“PAV21_13.MOV”素材，然后在特效控制面板中，将“比例”选项值设为 50.0，并将“位置”选项改为 160.0：250，使该素材处于监视器窗口的下方位置，如图 4-4-16 所示。

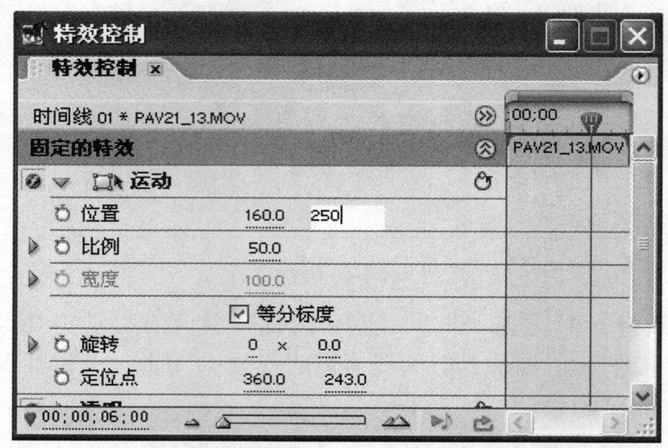

图 4-4-16　修改素材位置

(3) 将时间线拖动到“00; 00; 02; 00”的位置，在特效控制面板中展开“透明”选项组，单击“不透明性”选项前面的“固定动画”按扭，使它处于选中状态。在此时间位置为素材添加一个关键帧，并将该帧处的不透明值改为 0.0，如图 4-4-17 所示。

(4) 将时间线拖动到“00; 00; 03; 00”的位置，在特效面板中单击“不透明性”选项下的“添加/删除关键帧”按扭，在此时间位置为素材添加一个关键帧，并将该帧的不透明性改为 100.0，如图 4-4-18 所示。使该素材在第 2～3 秒之间逐渐显示出来。

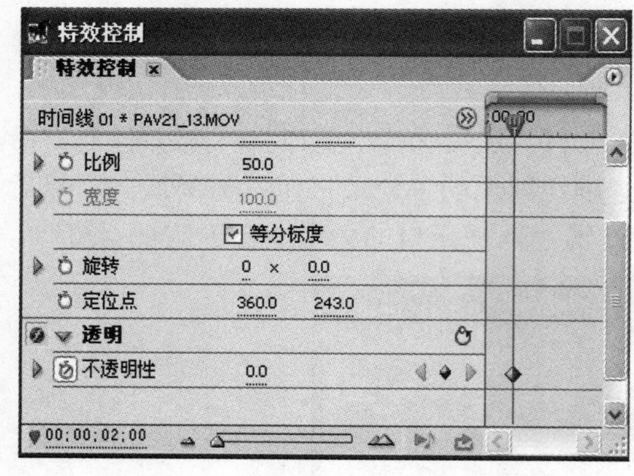

图 4-4-17　设置关键帧 1

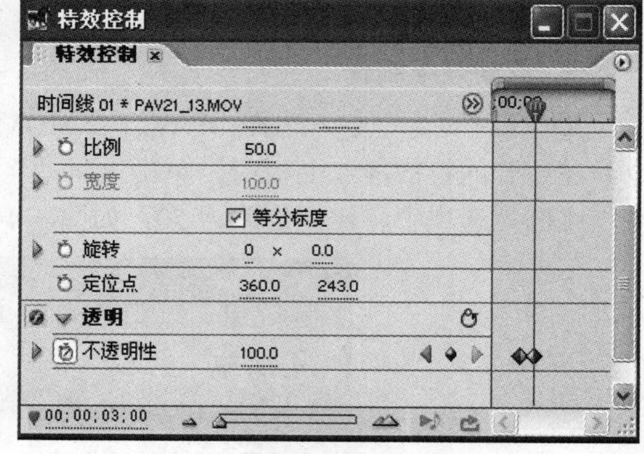

图 4-4-18　设置关键帧 2

(5) 在时间窗口中选择“海/素材.psd”，然后将时间线拖到“00; 00; 00; 00”的位置，在特效控制面板的“位置”选项中添加一个关键帧，并将该帧的位置改为－160.0：120.0，如图 4-4-19 所示。

(6) 将时间线拖动到“00; 00; 02; 00”的位置，在此时间处为“位置”选项添加一个关键帧，并将该帧的位置改为 160.0：120.0，如图 4-4-20 所示。

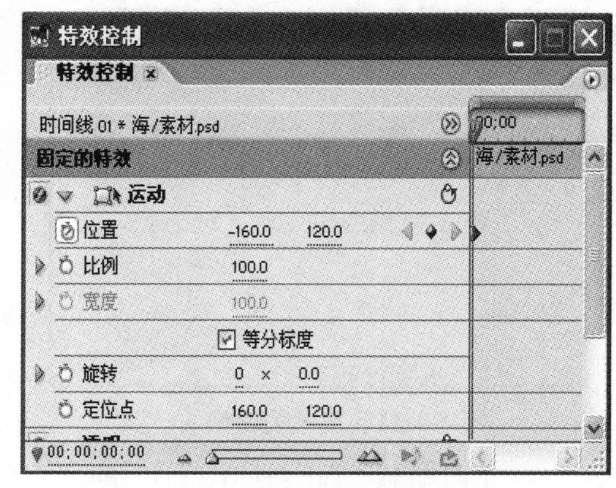

图 4-4-19　设置关键帧 3

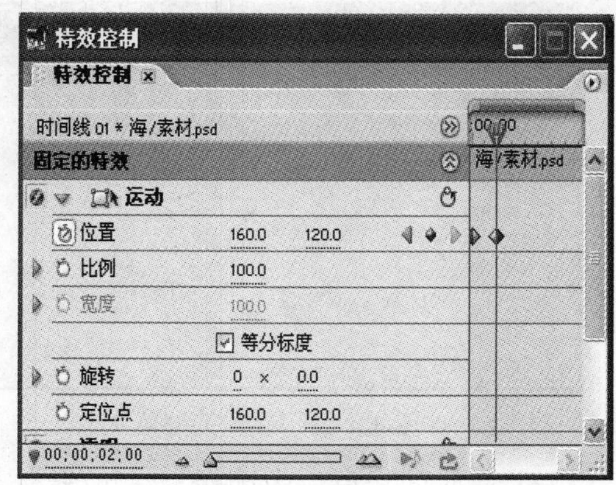

图 4-4-20　设置关键帧 4

(7) 在第 0～2 秒之间拖动到时间线窗口中的时间线，可以在监视器窗口中预览到素材的运动效果。

(8) 在时间线窗口中选择“天/素材.psd”，然后将时间线拖动到“00; 00; 00; 00”的位置，在特效控制面板的“位置”选项中添加一个关键帧，并将该帧的位置改为 480.0：120.0，如图 4-4-21 所示。

(9) 将时间线拖动到“00; 00; 02; 00”的位置，为“位置”选项添加一个关键帧，并将该帧的位置改为“160.0：120.0”，如图 4-4-22 所示。

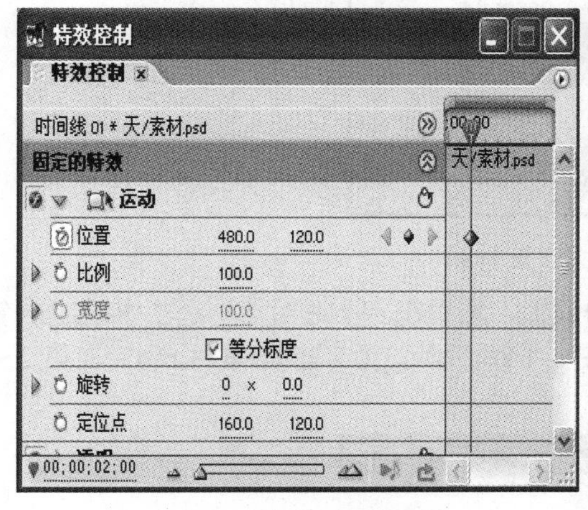
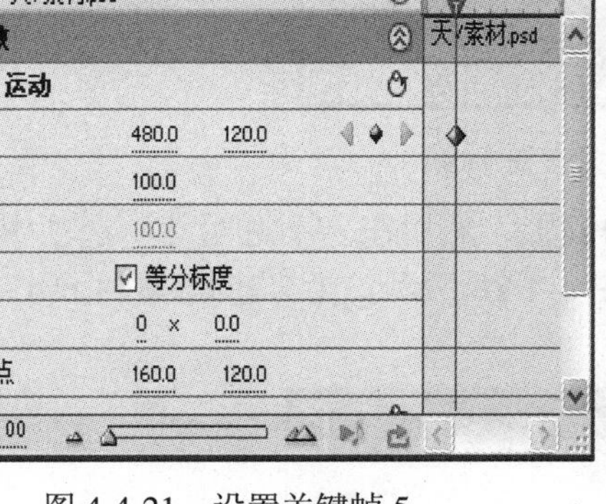

图 4-4-21　设置关键帧 5

图 4-4-22　设置关键帧 6

(10) 在第 0～2 秒之间拖动时间线窗口中的时间线，可以在监视器预览到素材的运动效果。

(11) 在时间线窗口中选择“地/素材.psd”，将时间线拖动到“00; 00; 00; 00”的位置，然后在特效控制面板的“不透明性”选项中添加一个关键帧，将该帧的不透明性设为 0.0，如图 4-4-23 所示。

(12) 将时间线拖动到“00; 00; 02; 00”的位置，然后在“不透明性”选项中添加一个关键帧，并将该帧的不透明性设为 100，如图 4-4-24 所示。

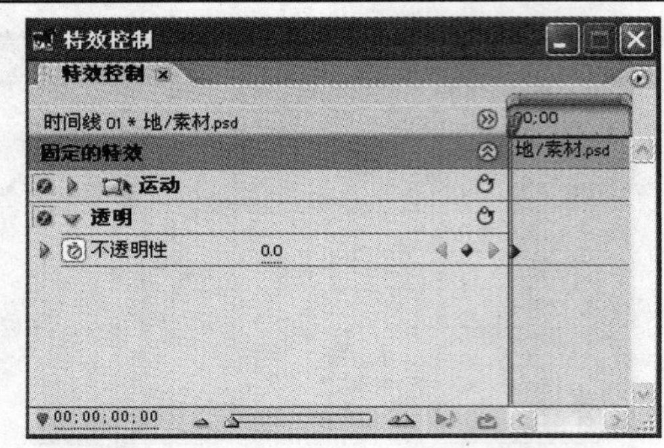

图 4-4-23　设置关键帧 7

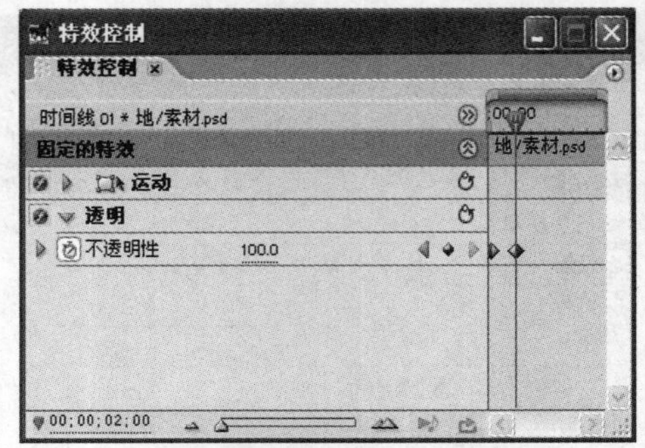

图 4-4-24　设置关键帧 8

(13) 在时间线窗口中选择“建筑/素材.psd”，将时间拖动到“00; 00; 02; 00”的位置，然后在特效控制面板“不透明性”选项中添加一个关键帧，将该帧的不透明性设为 0，如图 4-4-25 所示。

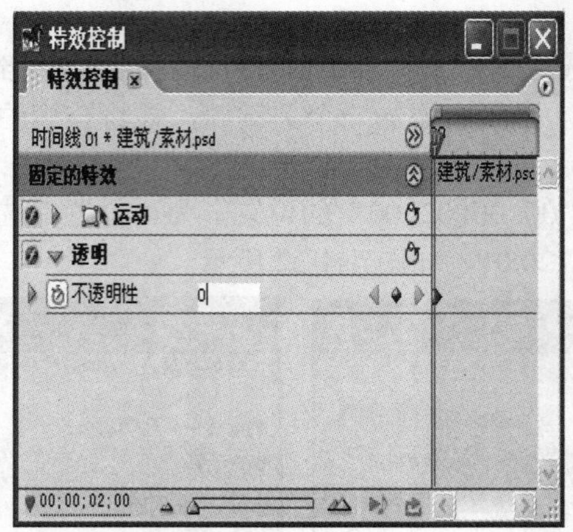

图 4-4-25　设置关键帧 9

(14) 将时间线拖动到“00; 00; 03; 00”的位置，然后在“不透明性”选项中添加一个关键帧，并将该帧的不透明性设为 100.0，如图 4-4-26 所示。为“建筑/素材.psd”在第 2～3 秒之间制作淡入的效果。

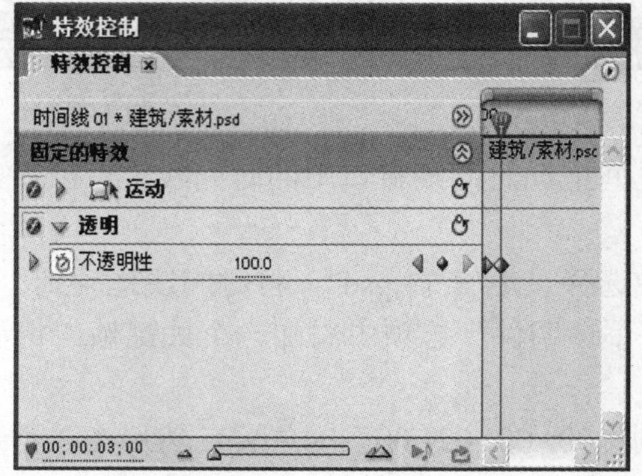

图 4-4-26　设置关键帧 10

(15) 在时间线窗口中选择“树 2/素材.psd”，用同样的方法为其在第 2～3 秒之间制作淡入的效果，然后将时间线拖动到“00; 00; 03; 00”的位置，在特效控制面板的“位置”选项中添加一个关键帧，并保持该帧位置不变，如图 4-4-27 所示。

(16) 将时间线拖动到“00; 00; 08; 00”的位置，然后在“位置”选项中添加一个关键帧，并将该帧的位置改为“150.0：120.0”，如图 4-4-28 所示。

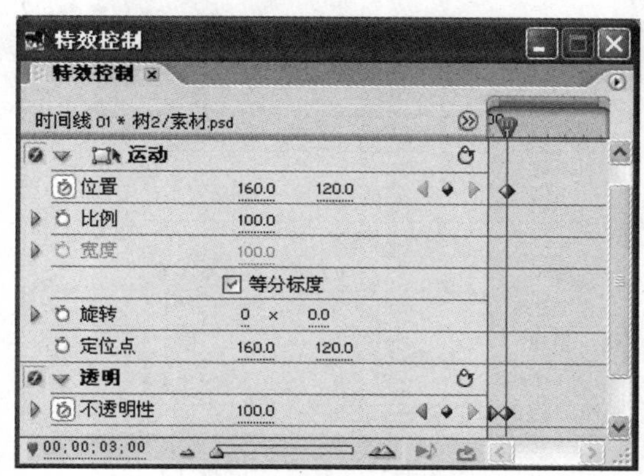

图 4-4-27　设置关键帧 11

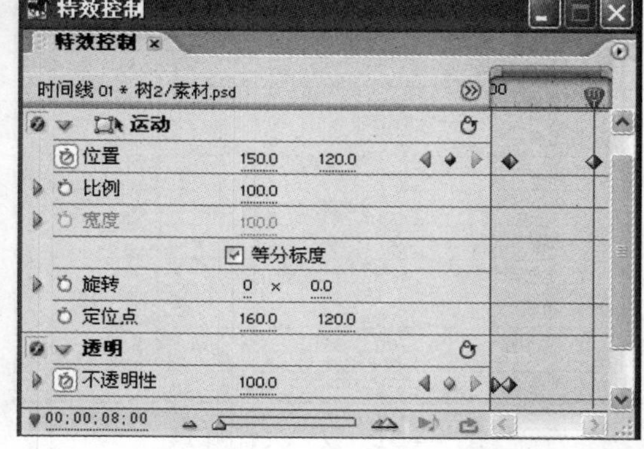

图 4-4-28　设置关键帧 12

(17) 在时间线窗口中选择“树 1/素材.psd”，为其在第 2～3 秒之间制作淡入效果。然后将时间线拖动到“00; 00; 03; 00”的位置，在特效控制面板的“位置”选项中添加一个关键帧，并保持该帧的位置不变，然后将时间线拖动到“00; 00; 08; 00”的位置，在“位置”选项中添加一个关键帧，将该帧位置改为“170.0：120.0”，如图 4-4-29 所示。

(18) 在第 3～8 秒之间拖动时间线，可以在监视器窗口中预览到“树 1/素材.psd”和“树 2/素材.psd”的运动效果(为了便于观察，这里可以将视频 9、视频 10 和视频 11 轨道中的素材隐藏)。

(19) 在时间线窗口中选择“雪花 1/素材.psd”，将特效控制面板的“位置”选项改为“320.0：120.0”，如图 4-4-30 所示，使该素材处于监视器窗口的右边缘处，然后为其在第 2～3 秒之间制作淡入效果。

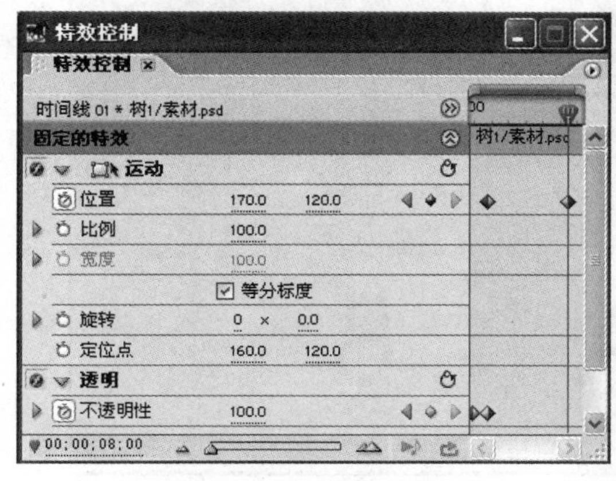

图 4-4-29　设置关键帧 13

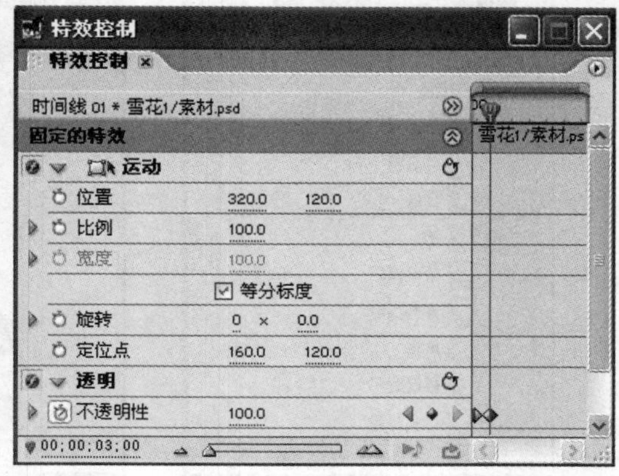

图 4-4-30　修改位置

(20) 将时间线拖动到“00; 00; 02; 00”的位置，在特效控制面板的“旋转”选项中添加一个关键帧，并保持该帧的位置不变，如图 4-4-31 所示。

(21) 将时间线拖动到“00; 00; 09; 00”的位置，在特效控制面板的“旋转”选项中添加一个关键帧，并将旋转值改为 –1 × 0.0，如图 4-4-32 所示。

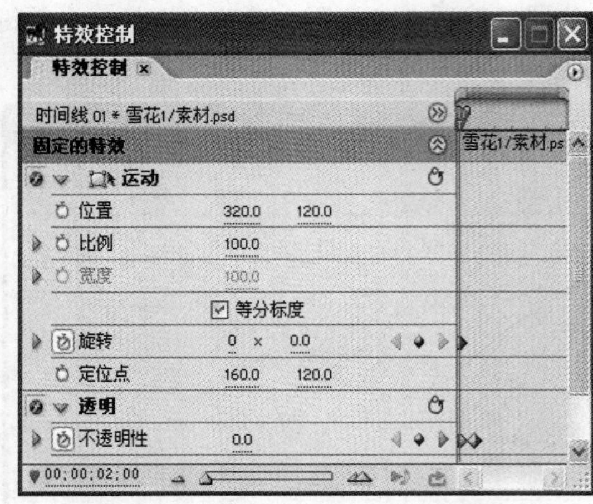

图 4-4-31　设置关键帧 14

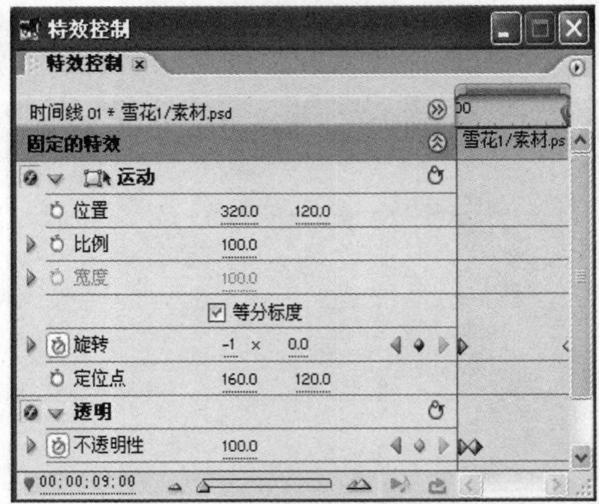

图 4-4-32　设置关键帧 15

(22) 在第 3～8 秒之间拖动时间线，可以在监视器窗口中预览到“雪花 1/素材.psd”素材的转动效果。

6．添加视频转换

(1) 选择“窗口”|“特效”命令，在打开的“特效”面板中，单击“视频转换”文件夹前的三角形按钮，将其展开，再打开“Wipe”文件夹，选择“擦除”选项，如图 4-4-33 所示。

(2) 将“擦除”转换效果拖动到时间线窗口中“文字/素材.psd”的开头部分，为该素材添加“擦除”转换效果。双击时间线窗口中“文字/素材.psd”上的转换图标，在打开的特效控制面板中将持续时间改为 4 秒，如图 4-4-34 所示。

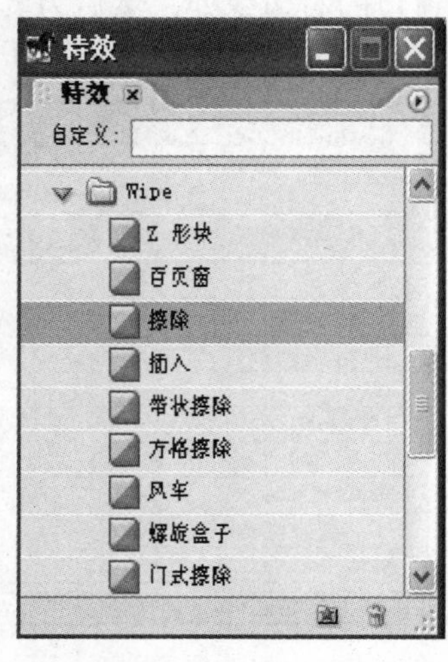

图 4-4-33　选择“擦除”选项

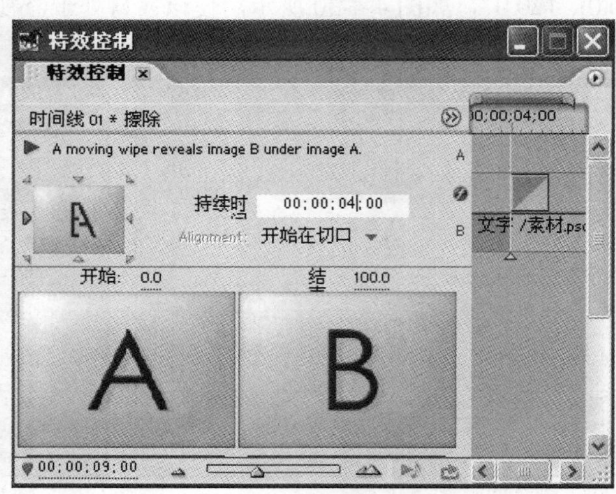

图 4-4-34　持续时间改为 4 秒

(3) 在第4～8秒之间拖动时间线，可以在监视窗口中预览到“文字/素材.psd”逐渐展现的效果。

7. 应用视频特效

(1) 在特效面板中展开“视频特效”文件夹，展开“Image Control”文件夹，然后选择其中的“色彩平衡(RGB)”选项，如图4-4-35所示。

(2) 将“色彩平衡(RGB)”特效拖动到时间窗口中“PAV21_2.MOV”素材上。在特效控制面板中单击“色彩平衡(RGB)”选项组前的三角形按扭，将其展开，然后将时间线拖动到“00; 00; 00; 00”的位置，然后分别单击“Red”，“Green”和“Blue”选项前面的“固定动画”按扭，为各选项分别添加一个关键帧，并设置各自的参数，如图4-4-36所示。

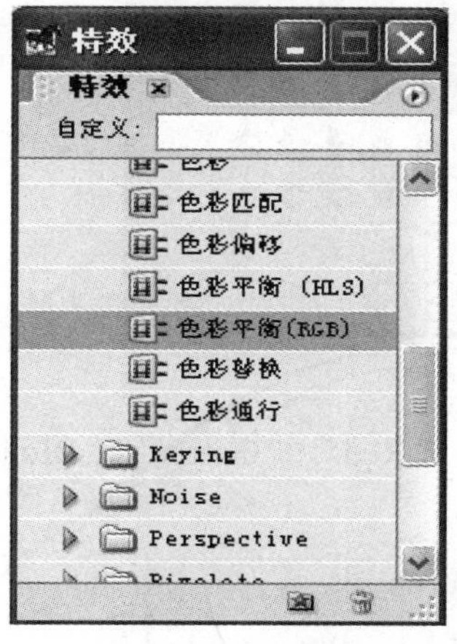

图4-4-35 色彩平衡(RGB)选项

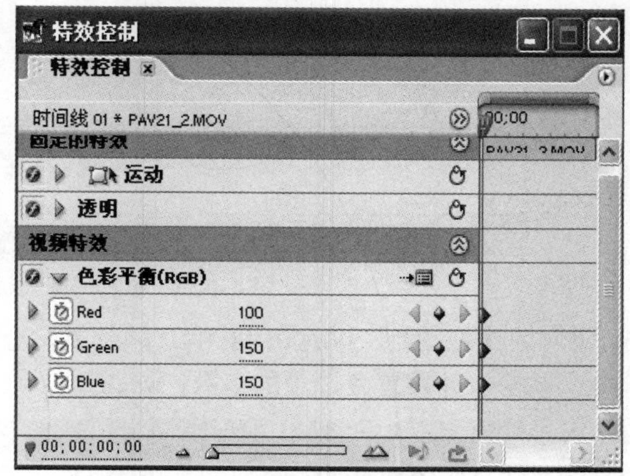

图4-4-36 色彩平衡关键帧1

(3) 将时间线拖动到“00; 00; 02; 00”的位置，然后分别单击“Red”、“Green”、“Blue”选项后面的“添加/删除关键帧”按扭，为各选项分别添加一个关键帧，并设置各自的参数，如图4-4-37所示。

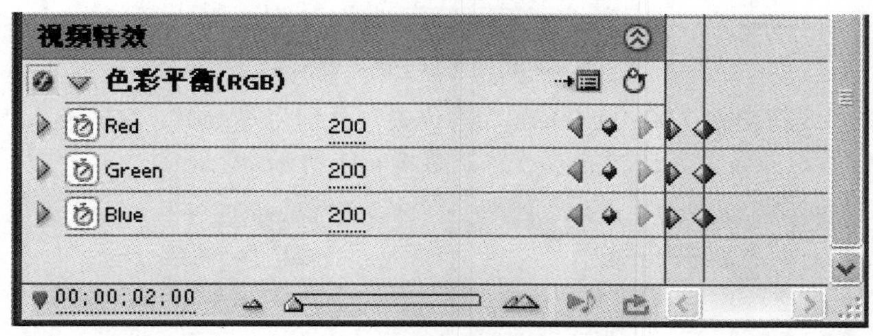

图4-4-37 色彩平衡关键帧2

(4) 将时间线拖动到“00; 00; 04; 00”的位置，分别为“Red”、“Green”、“Blue”选项添加一个关键帧，并设置各选项的参数，如图4-4-38所示。

(5) 将时间线拖动到“00; 00; 06; 00”的位置，分别为“Red”、“Green”、“Blue”选项添加一个关键帧，并设置各选项的参数，如图4-4-39所示。

视频特效
色彩平衡(RGB)
Red 160
Green 80
Blue 80
00;00;04;00

图 4-4-38　色彩平衡关键帧 3

视频特效
色彩平衡(RGB)
Red 80
Green 60
Blue 110
00;00;06;00

图 4-4-39　色彩平衡关键帧 4

(6) 将时间线拖动到“00; 00; 08; 00”的位置，分别为“Red”、“Green”、“Blue”选项添加一个关键帧，并设置各选项的参数，如图 4-4-40 所示。

视频特效
色彩平衡(RGB)
Red 100
Green 100
Blue 100
00;00;08;00

图 4-4-40　色彩平衡关键帧 5

(7) 将时间线拖动到“00; 00; 09; 00”的位置，分别为“Red”、“Green”、“Blue”选项添加一个关键帧，并设置各选项的参数，如图 4-4-41 所示。

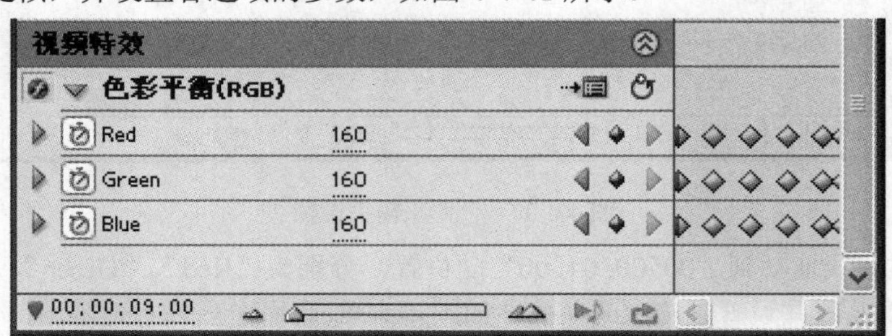

图 4-4-41　色彩平衡关键帧 6

(8) 在“特效”面板中， 展开“视频特效”文件夹，然后在“Keying”文件夹中选择

“Alpha 调节”选项，如图 4-4-42 所示。

(9) 将“Alpha 调节”特效拖动到时间线窗口的“海/素材.psd”上，然后将时间线拖动到“00; 00; 02; 00”位置，在特效控制面板中，展开“Alpha 调节”选项组，并在“不透明性”选项中添加一个关键帧，保持该帧的不透明性设置不变，如图 4-4-43 所示。

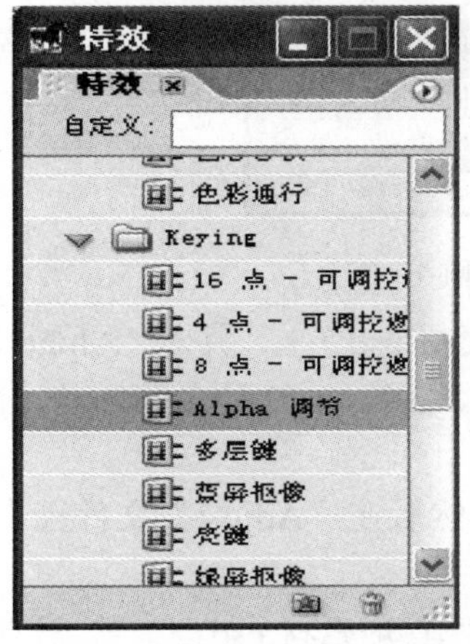

图 4-4-42　选择“Alpha 调节”

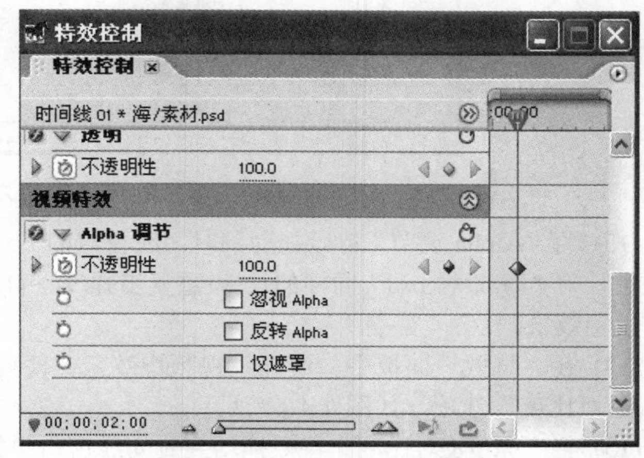

图 4-4-43　“不透明性”添加关键帧 1

(10) 将时间线拖动到“00; 00; 03; 00”位置，在“不透明性”选项中添加一个关键帧，并将该帧的不透明性设置为 50.0，如图 4-4-44 所示。

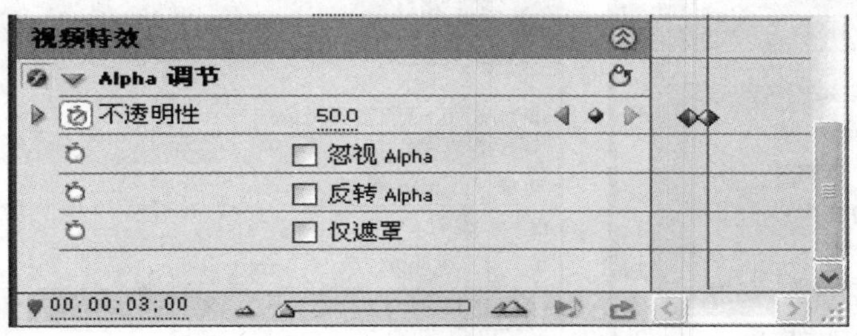

图 4-4-44　“不透明性”添加关键帧 2

(11) 将时间线拖动到“00; 00; 06; 00”位置，在“不透明性”选项中添加一个关键帧，并将该帧的不透明性设置为 50.0，如图 4-4-45 所示。

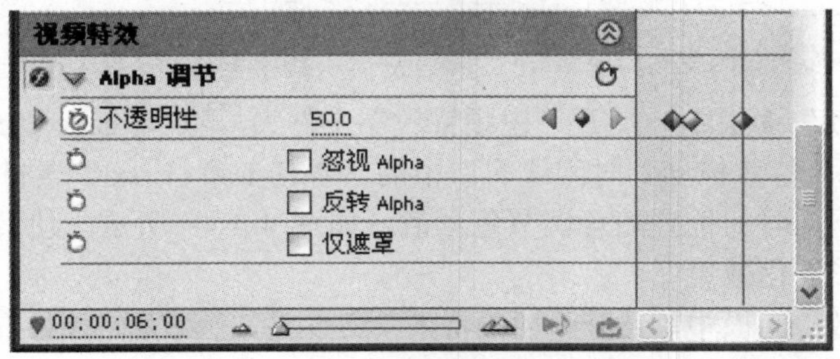

图 4-4-45　“不透明性”添加关键帧 3

(12) 将时间线拖动到“00; 00; 09; 00”位置，在“不透明性”选项中添加一个关键帧，并将该帧的不透明性设置为 100.0，如图 4-4-46 所示。

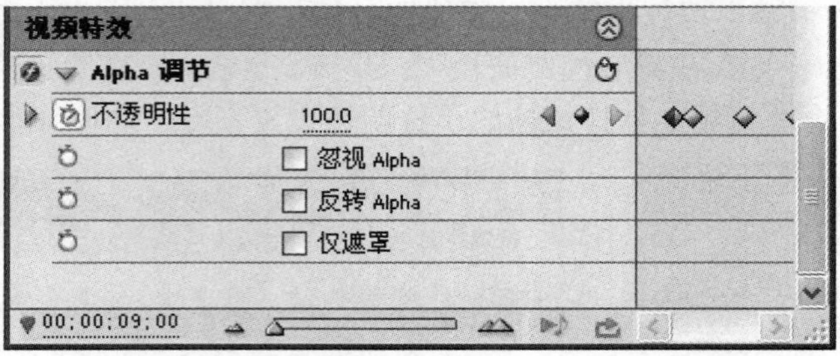

图 4-4-46　“不透明性”添加关键帧 4

(13) 将“Alpha 调节”特效拖动到时间线窗口的“天/素材.psd”上，并对“Alpha 调节”特效进行与“海/素材.psd”同样的设置(重复步骤(9)～(12))。在第 2～9 秒之间拖动时间线，预览设置效果。

(14) 在“特效”面板中，展开“视频特效”文件夹，然后在“Adjust”文件夹中选择“亮度/对比度”选项，如图 4-4-47 所示。

(15) 将“亮度&对比度”特效拖动到时间线窗口中的“建筑/素材.psd”上，然后选择特效控制面板，在不同的时间位置为“Brightness”选择设置关键帧，并调节各关键帧的亮度，使素材产生忽明忽暗的效果即可，如图 4-4-48 所示。

图 4-4-47　选择“亮度/对比度”选项

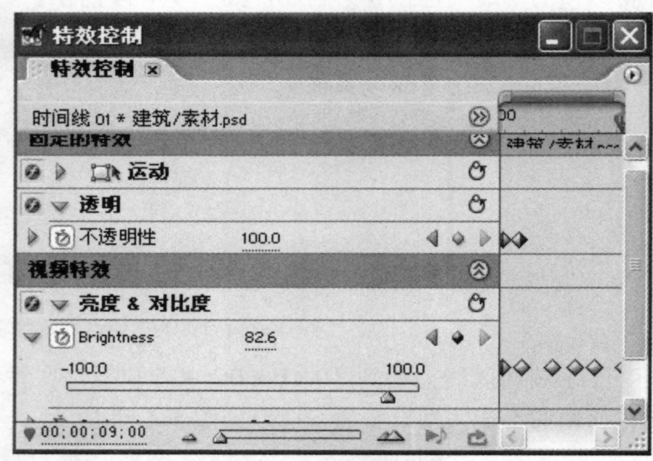

图 4-4-48　设置关键帧

(16) 在“特效”面板中，展开“视频特效”文件夹，将“Image Control”文件夹下的“色彩平衡(RGB)”特效拖动到时间线窗口中的“雪花 1/素材.psd”素材上。然后在特效控制面板中，根据不同时间位置随意调节色彩值，如图 4-4-49 所示。使素材在第 2～9 秒之间产生不同的色彩变化效果。

(17) 在“特效”面板中，展开“视频特效”文件夹，然后将“Adjust”文件夹中的“亮度&对比度”特效拖动到时间线窗口中的“云/素材.psd”上，然后打开特效控制面板，在不同的时间位置为“Brightness”选项添加关键帧，并随意修改各帧的“Brightness”值，如图 4-4-50 所示，使素材产生忽明忽暗的效果。

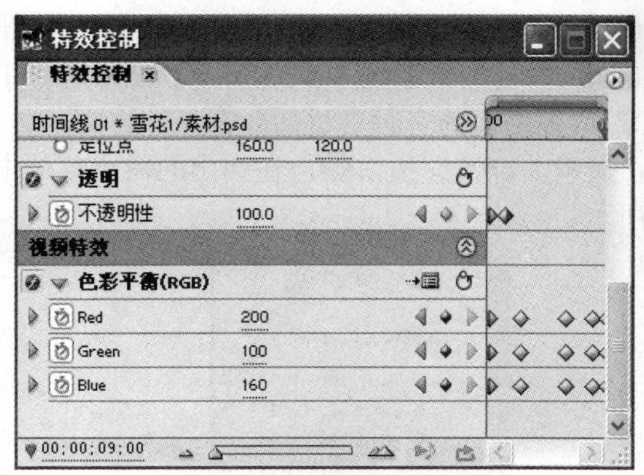

图 4-4-49　“色彩平衡(RGB)”特效

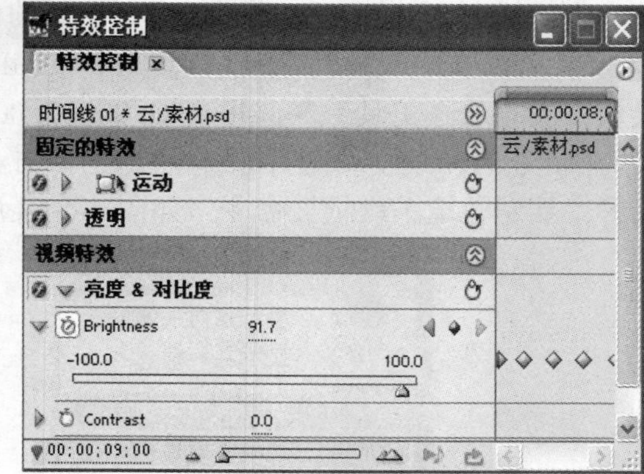

图 4-4-50　“亮度&对比度”特效

8．添加音频效果

(1) 选择“文件”|“导入”命令，在打开的“输入”对话框中，选择本书配套光盘“例题/例题 4.11”目录下的“Audio.wav”文件，将其导入到项目窗口中。在项目窗口中，将“Audio.wav”素材拖动到时间线窗口的音频 1 轨道上，将其入点放在“00; 00; 00; 00”的位置，如图 4-4-51 所示。

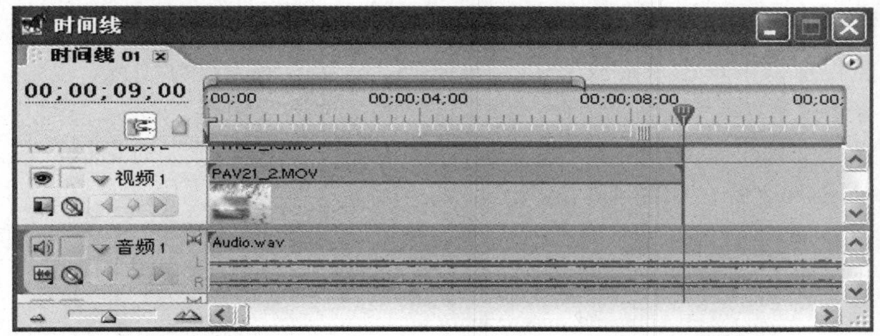

图 4-4-51　导入 Audio.wav

(2) 在时间线窗口中，用鼠标右键单击“Audio.wav”素材。在弹出的命令菜单中选择“速度/持续时间”命令，在打开的“速度/持续时间”对话框中，将速度改为 150.0，如图 4-4-52 所示，然后单击“确定”按钮。

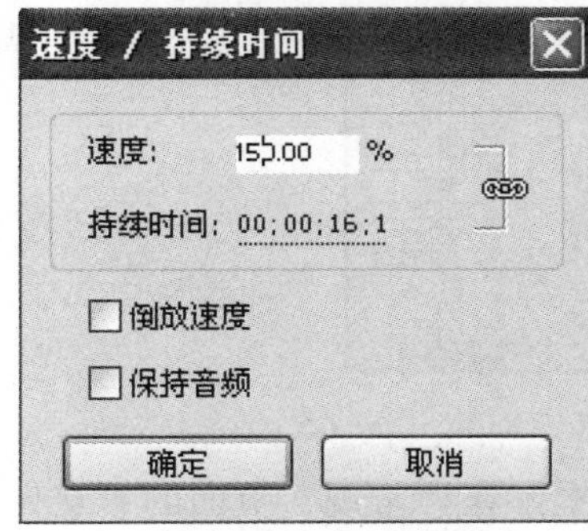

图 4-4-52　修改速度

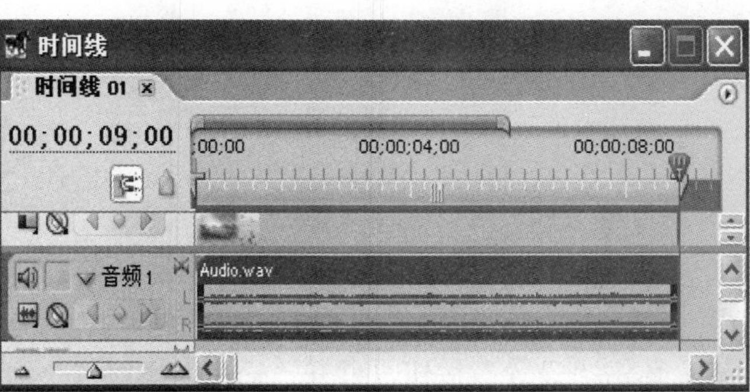

图 4-4-53　切断素材

(3) 将时间线拖动到“00; 00; 09; 00”的位置，然后单击工具栏中的“剃刀工具”按钮，在“00; 00; 09; 00”的位置将素材“Audio.wav”切断，如图 4-4-53 所示。然后选择工具栏中的“选择工具”，将“00; 00; 09; 00”位置后面的音频素材部分删除掉。

(4) 在时间线窗口的音频 1 轨道上单击“显示关键帧”按钮，在弹出的命令菜单中选择“显示轨道关键帧”命令，如图 4-4-54 所示。

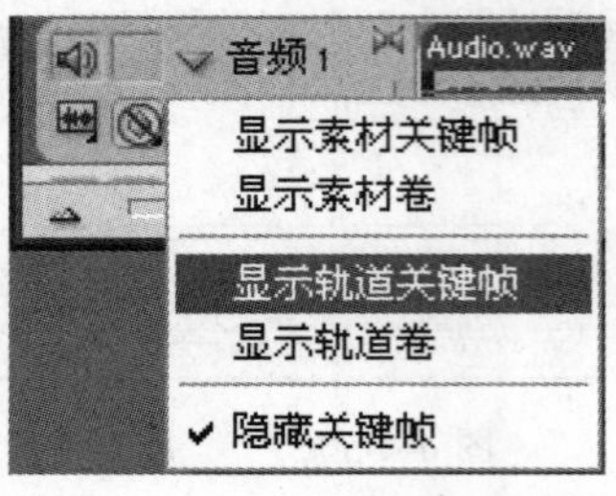

图 4-4-54　显示轨道关键帧

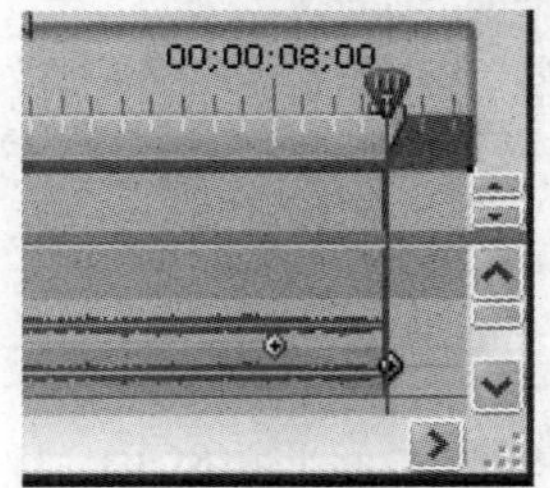

图 4-4-55　制作淡出效果

(5) 将时间线拖动到“00; 00; 08; 00”和“00; 00; 09; 00”位置，单击音频轨道上的“添加/删除关键帧”按钮，在这两个时间位置处各添加一个关键帧，并将“00; 00; 09; 00”处的关键帧向下拖动到最下端，如图 4-4-55 所示。为音频素材“Audio.wav”制作声音淡出的效果。

9．预览并输出影片

(1) 在监视窗口中单击“播放/停止”按钮，对影片效果进行预览。

(2) 选择“文件”|“保存”命令，将编辑好的文件进行保存。

(3) 选择“文件”|“输出”|“影片”命令，打开“输出影片”对话框，在“文件名”文本框中输入影片名称，如图 4-4-56 所示。

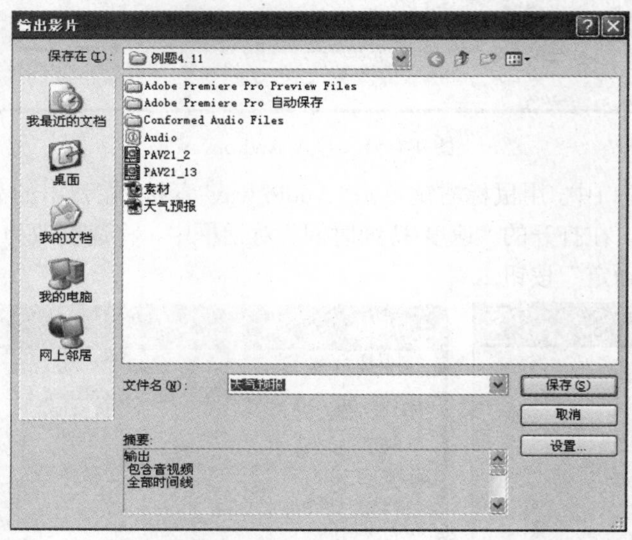

图 4-4-56　“输出影片”对话框

(4) 单击“设置”按钮，打开“输出电影设置”对话框，在“常规”页面的“文件类型”下拉列表中选择“Microsoft AVI”选项，保持其他选项不变，如图 4-4-57 所示。

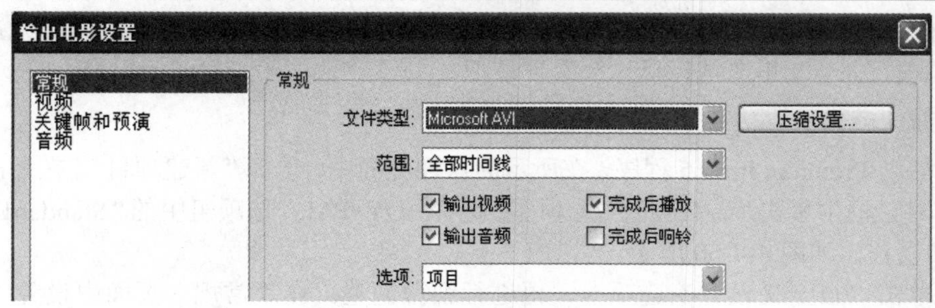

图 4-4-57　“常规”页面

(5) 选择“视频”页面，在“压缩方式”下拉列表中选择“Intel Indeo?Video 4.5”选项，设置“屏幕大小”为 640 宽、480 高，保持其他选项不变，如图 4-4-58 所示，然后单击“确定”按钮，返回到“输出影片”对话框中。

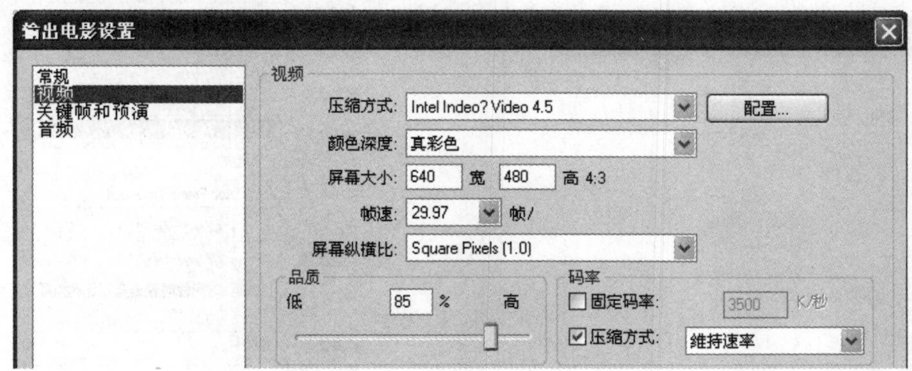

图 4-4-58　“视频”页面

(6) 在“输出影片”对话框中选择保存路径，然后单击“保存”按钮，开始输出影片，如图 4-4-59 所示。使用 Windows Media Player 播放输出影片，可以观看影片的完成效果。

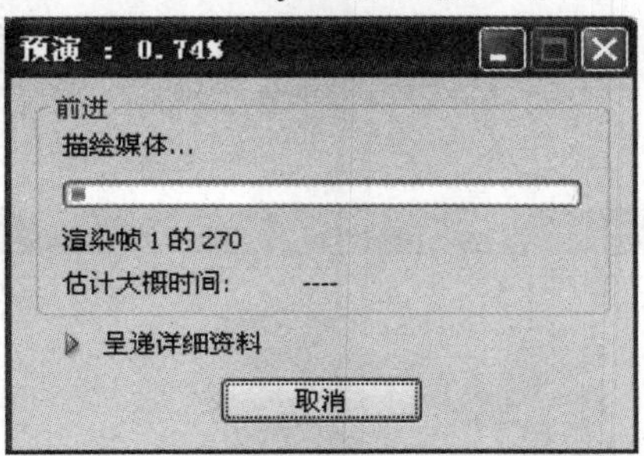

图 4-4-59　输出影片

二、综合实例《赣州您早》栏目片头设计

本综合实例是制作一个以赣州市为背景的早间栏目主题短片。背景颜色由深蓝到彩色变化，意味着黎明的到来，一天的精彩生活又开始了；由逐渐绽放的花蕾开始主题的序曲，展示出生机盎然、欣欣向荣的景象。一系列富有代表性的画面概括了赣州城市的风貌，最后用“GanZhou 您早”向所有这座城市里的人们问一声早安，点明节目的名称。

素材在外景拍摄好后，再用 Photoshop 进行处理。本实例的素材都已收集在光盘的“学习单元 4\项目 4.4\赣州您早栏目片头”目录下。

1．新建项目

(1) 启动 Premiere Pro1.5 程序，在所示的欢迎界面中，选择“新建项目”。在弹出的“新建项目”对话框中单击“装载预置”选项卡，选择“DV-PAL”选项组中的“Standard 48 kHz”作为标准设置，如图 4-4-60 所示。

(2) 单击“自定义设置”选项卡，再进行细微调整。在“常规”页面中设置“编辑模式”为“Video for Windows”，“时间基数”为“29.97 帧/秒”，屏幕尺寸为 320 × 240 像素，“屏幕纵横比”为“D1/DV NTSC(0.9)”，如图 4-4-61 所示。将项目以“赣州您早”命名后保存。

图 4-4-60 装载预置

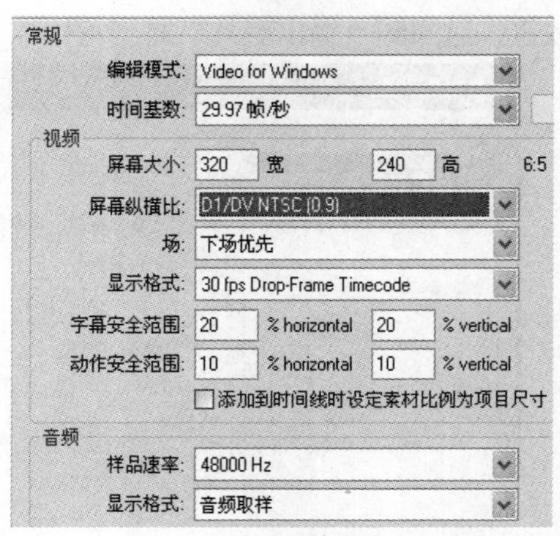

图 4-4-61 自定义设置选项卡参数

2．导入素材

选择“文件”|“导入”命令，打开“输入”对话框，选择本书配套光盘“学习单元 4\项目 4.4\赣州您早栏目片头”目录下的所有图像、视频、声音等素材文件导入该项目中，如图 4-4-62 所示。

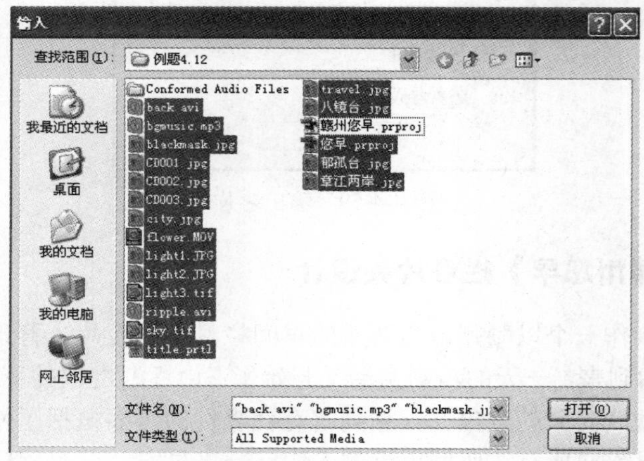

图 4-4-62 导入素材

3．编辑素材

(1) 在“项目”窗口用鼠标右击图像“CD001.jpg”，在弹出的菜单中选择“速度/持续时间”，打开该对话框。将其持续时间修改为“00；00；03；00”，单击“确定”按钮，完成修改，如图4-4-63所示。

(2) 用相同的方法对图像“CD002.jpg”、“CD003.jpg” 进行相应的修改，使其播放时间为3秒，“八镜台.jpg”、“郁孤台.jpg”、“章江两岸.jpg”、“travel.jpg”等图像的播放时间也都为3秒，而其他图像的播放时间为5秒。

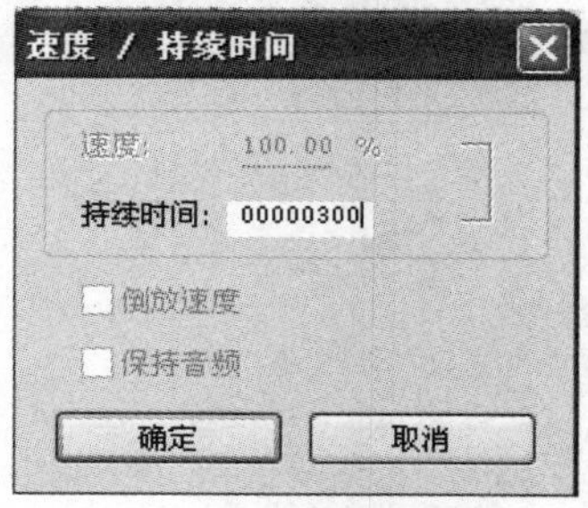

图4-4-63　修改持续时间

4．组合素材

(1) 在时间线窗口中右键单击视频轨道1，从弹出的命令菜单中选择“添加轨道”，打开“添加轨道”对话框，在“视频轨”选项栏中添加11个视频轨，如图4-4-64所示。

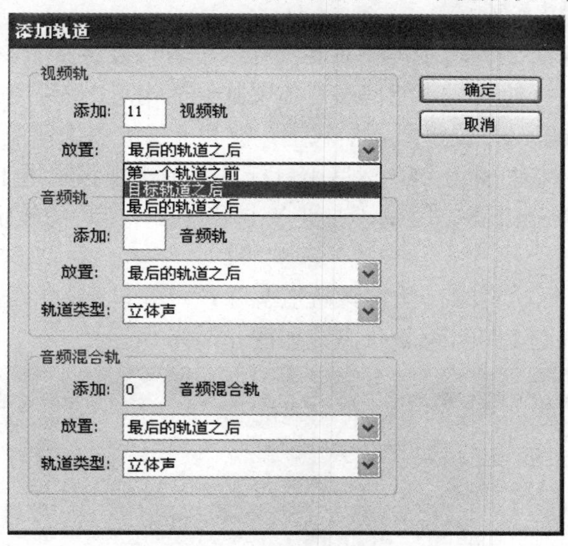

图4-4-64　添加视频轨道

(2) 在“项目”窗口中选择视频素材“back.avi”，按住鼠标左键将其拖到视频轨道中的视频轨道1上作为背景，将素材“city.jpg”添加到视频轨道2；分别将素材“lightl.jpg”、“flower.mov”、“blackmadk.jpg”添加到视频轨道3、4、5；将素材“CD001.jpg”和“CD003.jpg”添加到视频轨道6，将“CD002.jpg”添加到视频轨道7；把其余需要的素材添加到时间窗口中，并按设计顺序排列，如图4-4-65所示。

图 4-4-65　将素材加入时间线

5．在时间线上编辑素材

将素材添加到时间线上后，还需要对其尺寸、位置以及各个素材之间的转场效果、素材本身的视频效果等进行处理，才能使影片体现我们的构思。

(1) 由于背景“back.avi”位于最下层轨道，被其上层的图像覆盖住了，为了便于编辑，需要隐藏其他的轨道，按住 Shift 键，然后用鼠标左键单击视频轨道 1 前的眼睛图标，将所有图层隐藏，再按住 Shift 键，用鼠标左键单击眼睛图标旁边的锁定轨道按钮，将所有视频轨道锁定。

(2) 当需要编辑目标轨道时，就将该轨道解除锁定并显示。单击隐藏轨道按钮和锁定轨道按钮，使视频轨道 1 呈可编辑状态，如图 4-4-66 所示。

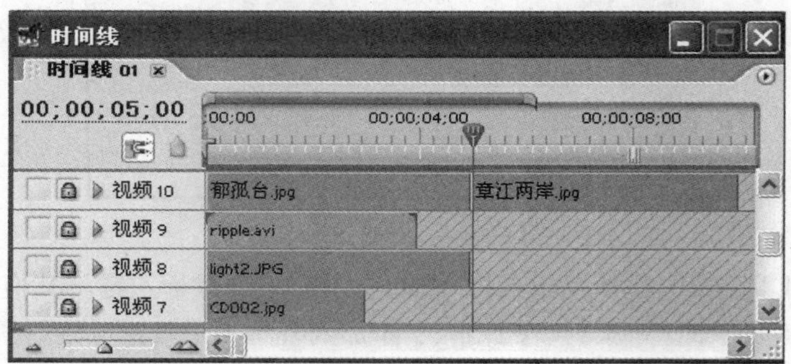

图 4-4-66　锁定和解锁轨道

(3) 打开“特效“面板，选择“视频特效”|“Image Control”|“色彩平衡 RGB”特效，将其拖动到时间线窗口上的“back.avi”文件上，如图 4-4-67 所示。

(4) 打开“特效”控制面板，单击色彩平衡的设置按钮，打开该设置对话框，通过调整红色、绿色和蓝色的平衡值，使其从红色调成蓝色调，如图 4-4-68 所示。

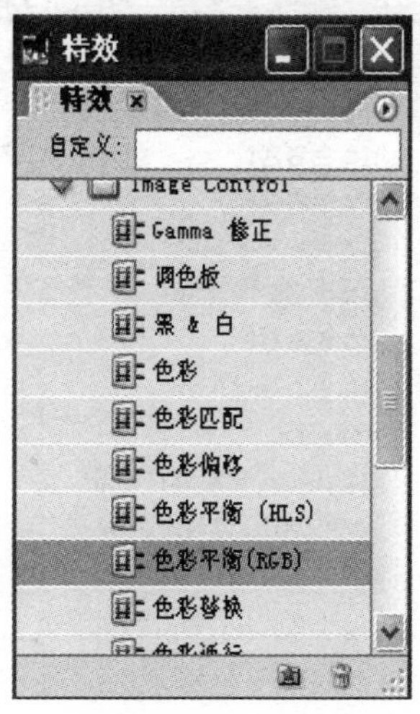

图 4-4-67　色彩平衡 RGB

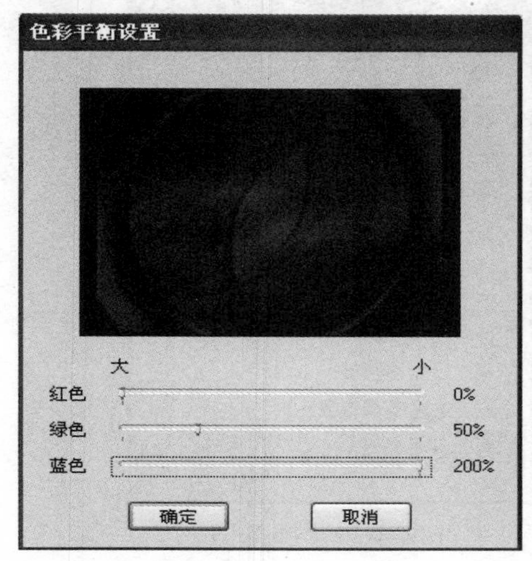

图 4-4-68　色彩平衡设置对话框

(5) 背景素材的持续时间为 8 秒，相对整部影片来说比较短，所以需要进行复制并使两段视频连接起来。选择背景素材“back.avi”，单击鼠标右键，在弹出的命令菜单中选择“复制”命令，然后将时间线移到第 8 秒处，选择“编辑”|“粘贴”命令，将两个素材拼凑起来，使视频 1 轨道持续时间达 16 秒。

(6) 使图像素材“city.jpg”所在轨道呈可编辑状态，选择“视频特效”|“Keying”|“蓝屏抠像”特效，将其拖放到时间线窗口的素材“city.jpg”上，去除该图像的蓝色背景，如图 4-4-69 所示。

(7) 为了达到更好的效果，打开“固定特效”选项中的“透明”选项组，设置不透明性为 63.0，如图 4-4-70 所示。

图 4-4-69　蓝屏抠像

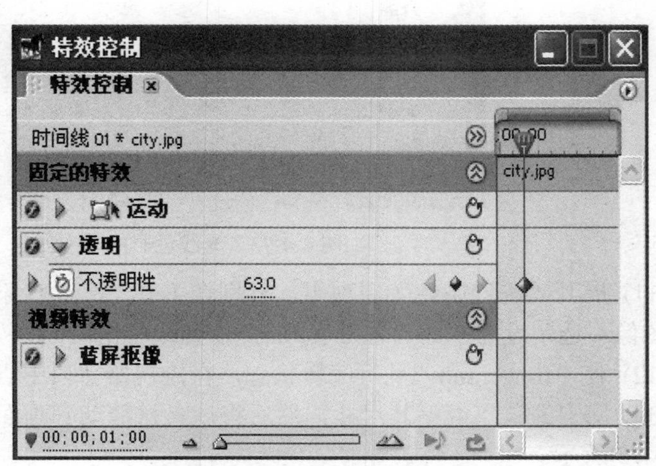

图 4-4-70　设置透明度

(8) 使“light1.jpg”所在轨道呈可编辑状态，为该图像增加视频特效中 Keying 类的“亮键”特效，去除黑色部分，如图 4-4-71 所示。

(9) 为了使光线发生动态变化，再为其添加“色彩平衡”的视频特效，如图 4-4-72 所示。

图 4-4-71　亮键特效

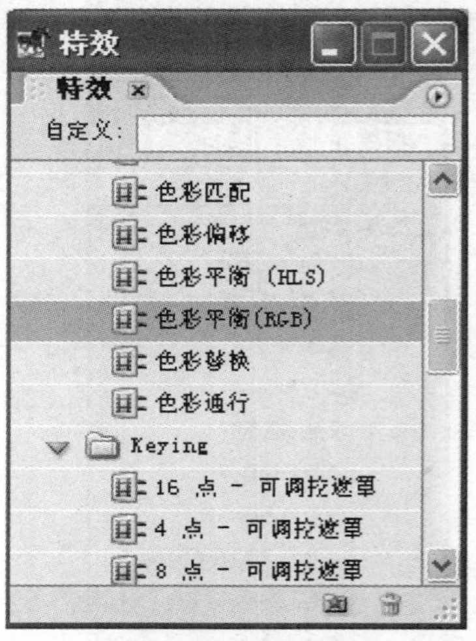

图 4-4-72　色彩平衡

(10) 在“特效”控制面板中打开“色彩平衡”选项组，将时间线移到影片开头 0 秒处，在该处添加 Red 和 Green 两个关键帧。再将时间线移到第 5 秒处并添加关键帧，使 Red 和 Green 的值为 200，如图 4-4-73 所示，完成光线色彩的动态变化。

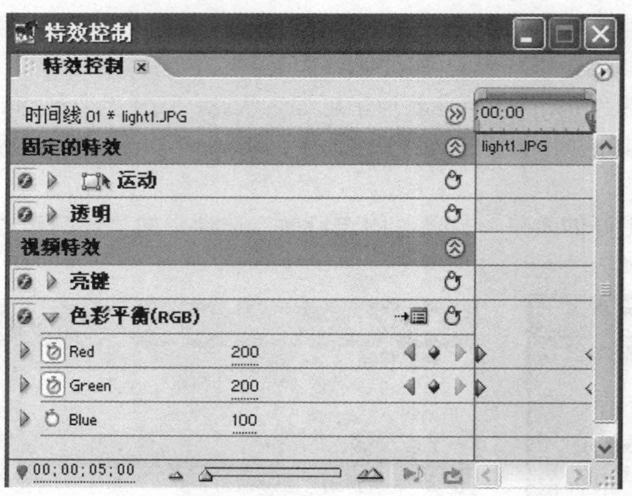

图 4-4-73　光线色彩的动态变化

(11) 展开“不透明性”选项组，分别在第 0、4、5 秒添加关键帧，并设置目标时刻对应的图像不透明度为 90.0、70.0 和 0.0，使光线淡出画面，如图 4-4-74 所示。

(12) 使“flower.mov”呈可编辑状态，在监视器窗口中点选该素材，其周围出现控制边框，拖动周围的节点调整其尺寸，然后将该素材移动到画面左下方，起到点缀的效果，如图 4-4-75 所示。

(13) 为了使鲜花盛开的视频效果达到最佳并去除其黑色背景，为该图像添加视频特效的“自动对比度”和“选取颜色”两个特效，打开“选取颜色”选项组，选择色彩为“黑色”，类似的数值为 25.0，如图 4-4-76 所示。

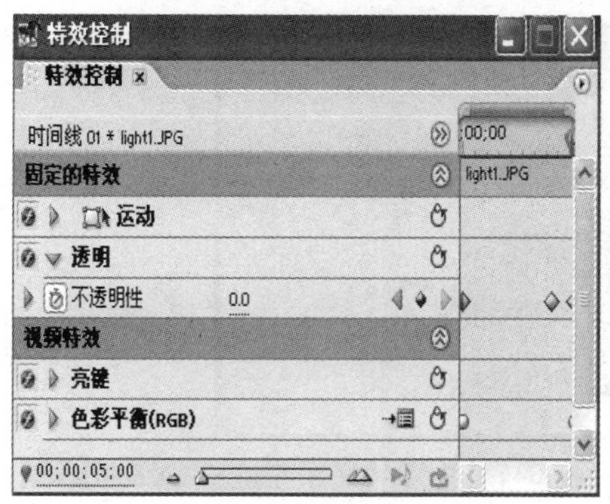

图 4-4-74 光线淡出画面

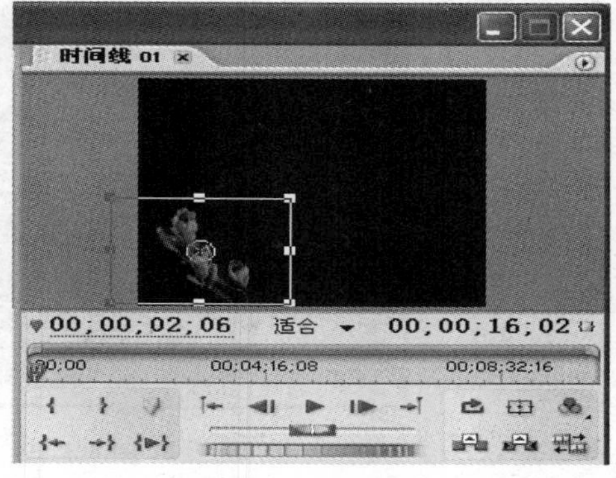

图 4-4-75 调整素材的位置和尺寸

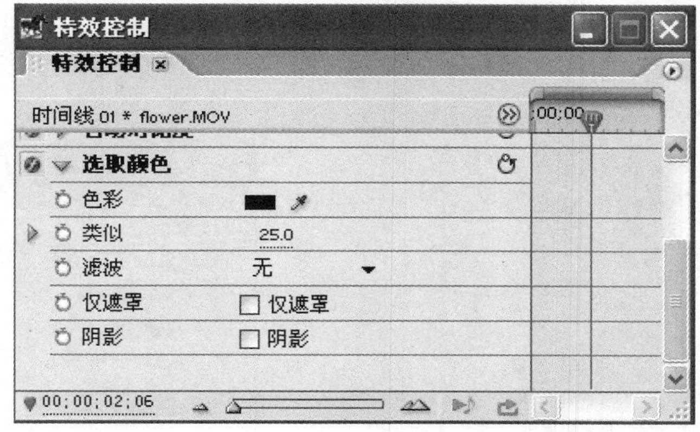

图 4-4-76 “自动对比度”和“选取颜色”两个特效

(14) 依照步骤(11)中的方法，使鲜花绽放的动画从影片中淡出，如图 4-4-77 所示。

(15) 使“blackmask.jpg”所在轨道呈可编辑状态，在“特效”控制面板中打开“不透明性”选项组，分别在第 0、1 秒处添加关键帧，并设置这两帧中素材的透明度为 100.0 和 0.0，使影片淡入画面，如图 4-4-78 所示。

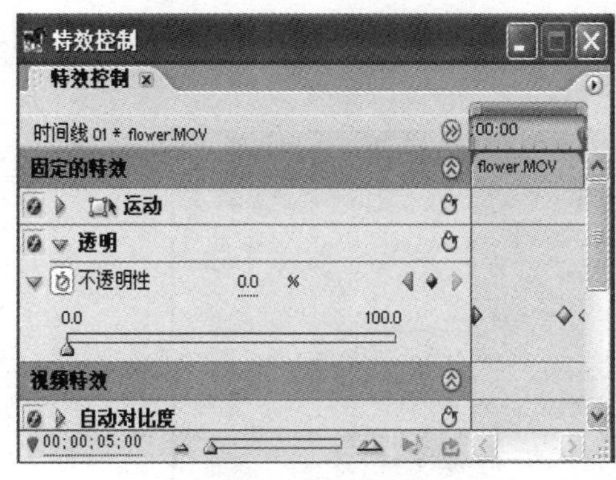

图 4-4-77 淡出效果

图 4-4-78 影片淡入画面

(16) 使视频轨道 6、7 呈可编辑状态，将素材“CD001.jpg”、“CD002jpg”、“CD003jpg”按如图 4-4-79 所示排列，使三幅图像连续地从第 4 秒开始，在第 11 秒结束。

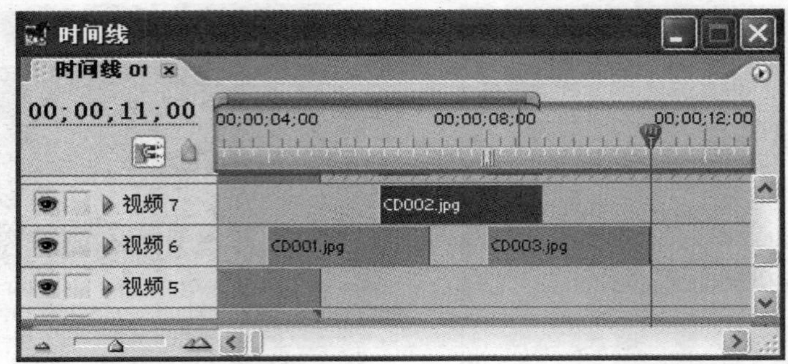

图 4-4-79　排列三个素材

(17) 分别对“CD001.jpg”、“CD002jpg”、“CD003jpg”使用“蓝屏抠像”特效，去除其蓝色背景，如图 4-4-80 所示。

(18) 选择视频转换中的“Dissolve”类，在图像“CD001.jpg”的开头加上“相加溶解”转场特效，如图 4-4-81 所示。

图 4-4-80　蓝屏抠像特效

图 4-4-81　相加溶解转场特效

(19) 为素材“CD002.jpg”的开头和结尾处添加“相加溶解”转场特效，如图 4-4-82 所示。

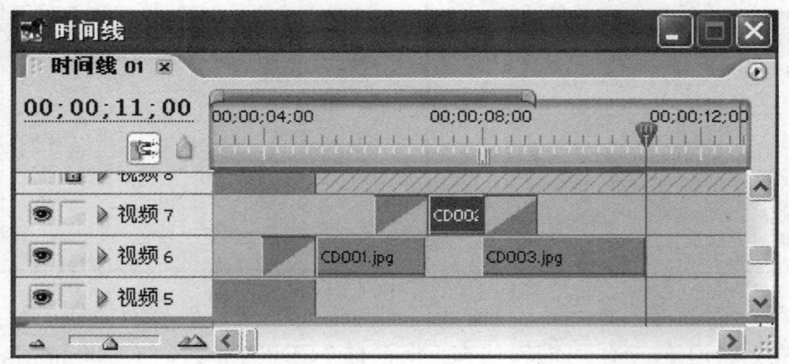

图 4-4-82　开头和结尾处添加“相加溶解”转场特效

(20) 解除视频轨道 12、13 的锁定，使其呈可编辑状态。将这两个轨道中的图像在第 9 秒开始播放。播放时间为 5 秒，如图 4-4-83 所示。

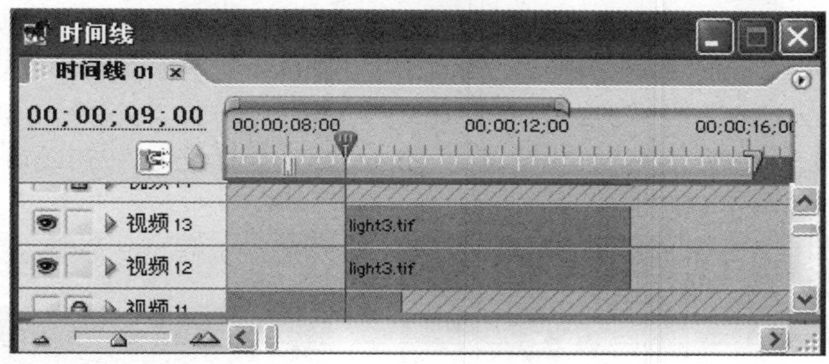

图 4-4-83　排列素材

(21) 分别为这两个素材添加“色彩平衡”视频特效，在特效控制面板中调整光环的色彩，如图 4-4-84 所示。

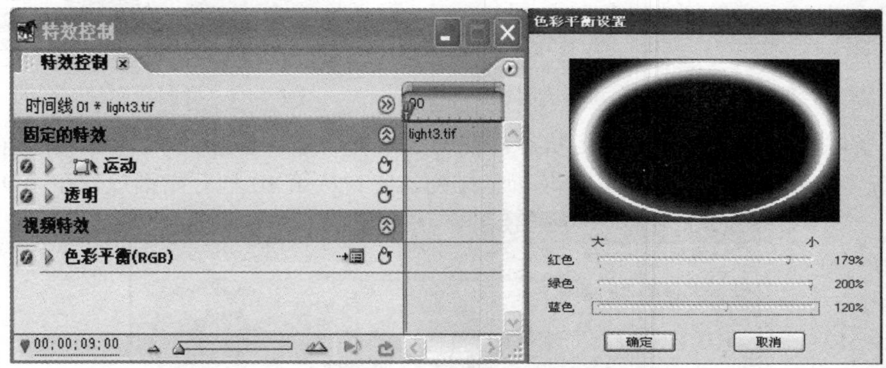

图 4-4-84　添加色彩平衡视频特效

(22) 为了使光环效果更柔和，再分别为其添加“高斯模糊”特效，在特效控制面板中设置模糊程度为 12.4，如图 4-4-85 所示。

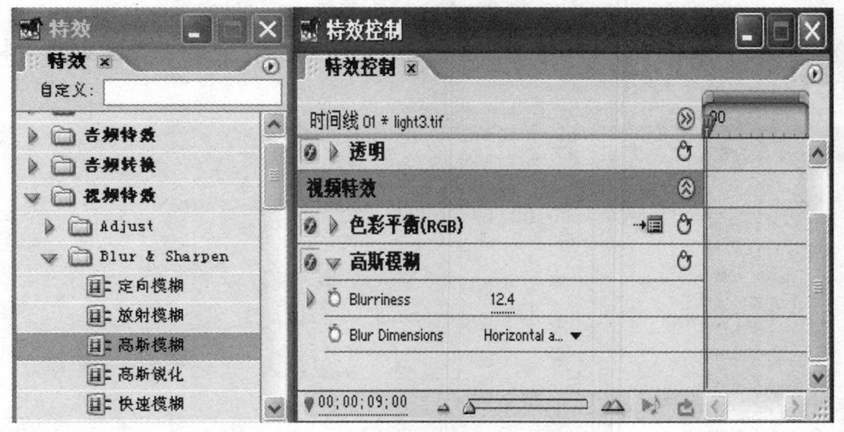

图 4-4-85　添加“高斯模糊”特效

(23) 调整视频轨道 12、13 中的“light3.tif”旋转角度为 0 × −30.0，不透明性为 60.0，如图 4-4-86 所示。

(24) 在“特效控制”面板中，分别为这两个轨道中图像的“位置”选项在第 9 秒和第 11 秒添加关键帧。在第 9 秒时，视频 12 轨道的“light3.tif”坐标设为“−255：461”，将视频 13 轨道的“light3.tif”坐标设为“600：192”；在第 11 秒时，将视频 12 轨道“light3.tif”的坐标设为“89：158”，将视频 13 轨道的“light3.tif”坐标设为“230：73”，使两个椭圆斜向相对运动，如图 4-4-87 所示。

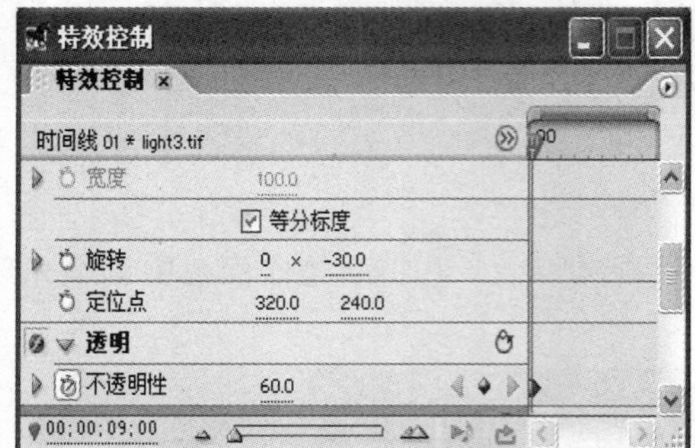

图 4-4-86 调整旋转角度和不透明性

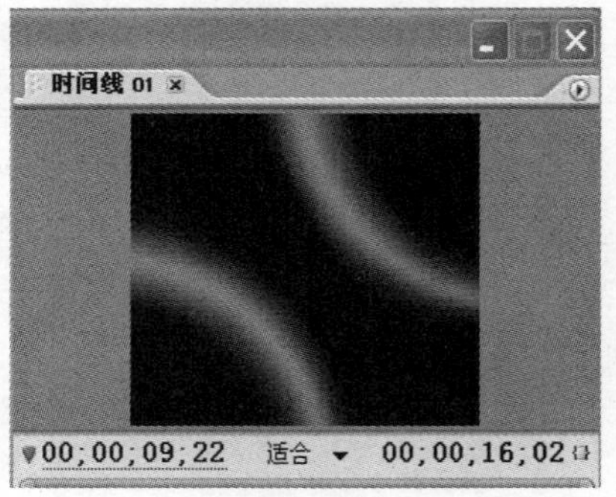

图 4-4-87 椭圆斜向相对运动

(25) 解除视频 10 和 11 的锁定状态，使图像素材“郁孤台.jpg”，“章江两岸.jpg”，“八镜台.jpg”，“travel.jpg”按如图 4-4-88 所示排列，使其从第 10 秒开始播放，在第 9 秒结束。

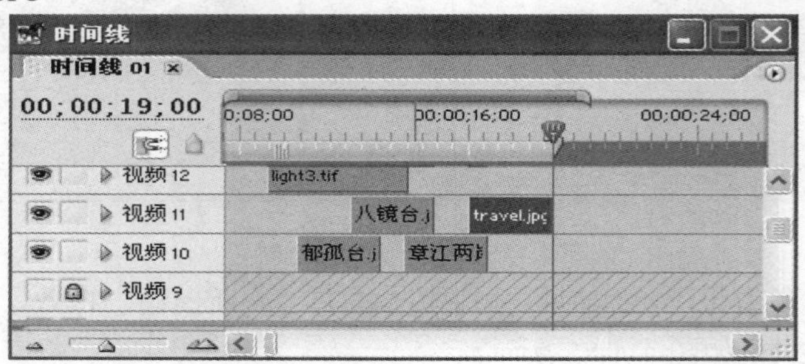

图 4-4-88 排列素材

(26) 在“郁孤台.jpg”的开始处添加视频转换中“Iris”类的“圆形划像”特效，如图 4-4-89 所示。

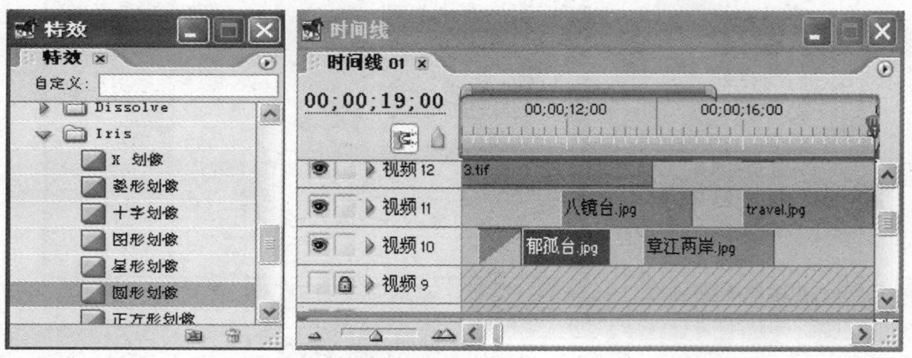

图 4-4-89 圆形划像特效

(27) 分别为四幅图像添加“蓝屏抠像”和“基本 3D” 特效。在“特效控制”面板中，设置基本 3D 中“Swivel”与“Tilt”的值分别为 0 × −20.0 与 0 × −30.0。使图像与背景融合，并以一定角度倾斜样式出现，如图 4-4-90 所示。

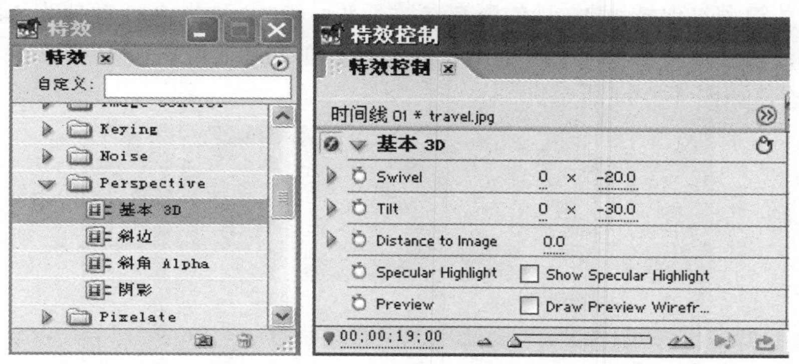

图 4-4-90　“基本 3D”特效

(28) 点选图像素材“郁孤台.jpg”，在“特效控制”面板中打开“不透明性”选项组，分别在第 10、11、12 和第 13 秒添加关键帧，并设置对应位置的图像不透明性为 10.0%、80.0%、80.0%和 10.0%，如图 4-4-91 所示。

(29) 用同样方法设置另外三幅图标的透明度变化动态，使四幅图像交替出现，如图 4-4-92 所示。

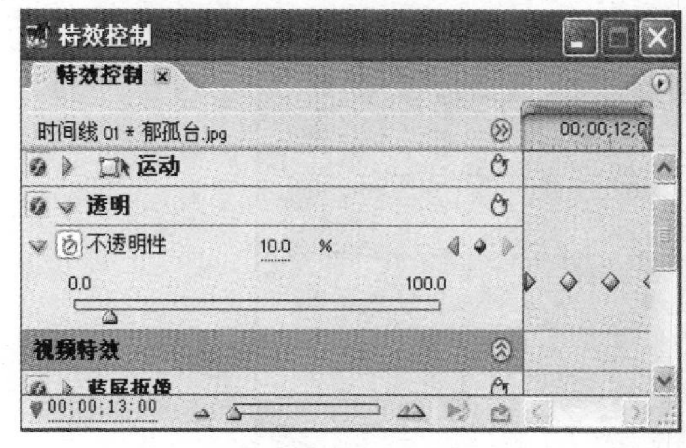

图 4-4-91　透明度变化

图 4-4-92　透明度变化动态影片

(30) 随着影片内容的发展，背景也应发生相应变化，使视频轨道 8 处于可编辑状态。将图像“light2.jpg”拖动到第 10 秒开始播放，并调整其持续时间，在第 24 秒结束，如图 4-4-93 所示。

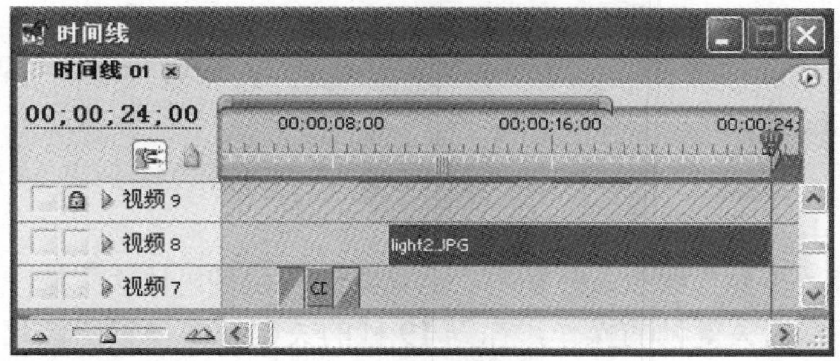

图 4-4-93　排列素材

(31) 为该图像的开始处添加“圆形划像”转场特效，持续时间 1 秒。

(32) 使该静态光线图像变成动态，为其添加“色彩平衡”视频特效，然后打开“特效控制”面板，点该特效中 Red，Green，Blue 前的“固定动画”按钮，分别在第 10、18、24 秒处添加关键帧，保持第 10 秒的所有参数不变；第 18 秒处 Red 数值为 140，Green 数值为 117，Blue 数值为 58；第 24 秒处 Red 数值为 200，Green 数值为 109，Blue 数值为 161，完成动画设置，如图 4-4-94 所示。

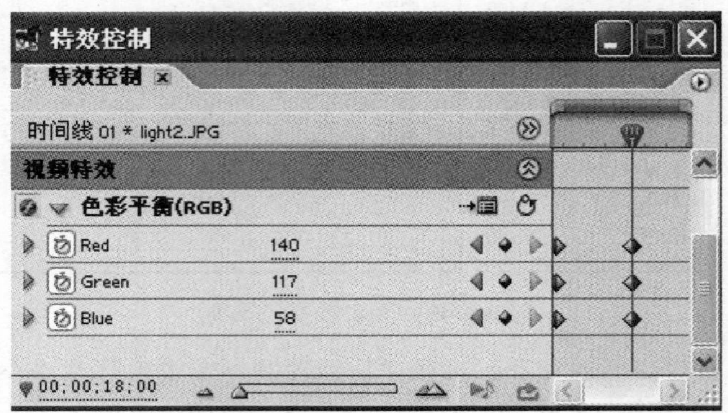

图 4-4-94　“色彩平衡”视频特效

(33) 下面为背景添加一些修饰，使视频轨道 9 呈可编辑状态，将水波动画“ripple.avi”拖到第 10 秒开始播放。由于它的特效时间只有 4 秒，为了与“light2.jpg”同步，对它进行复制粘贴的拼接过程，如图 4-4-95 所示。

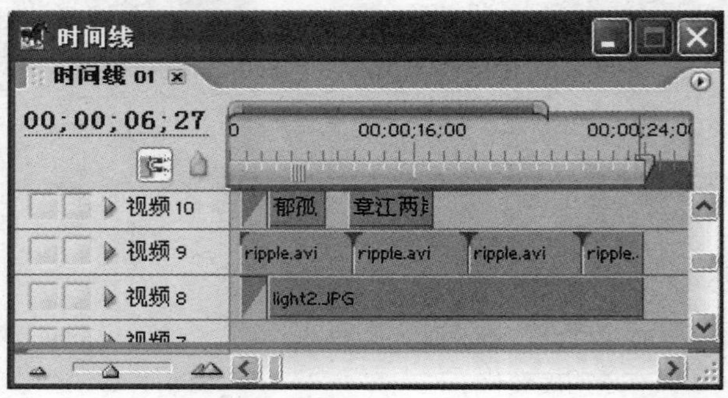

图 4-4-95　拼接素材

(34) 可以看到最后多出了一部分，选择“工具”面板中的剃刀工具，此时鼠标指针变成一个刀片，在第 24 秒单击鼠标左键，将素材分割成两部分，点选被切割的多余素材并按下 Delete 键删除。

(35) 为拼接起来的波纹动画添加“蓝屏抠像”，并在特效控制面板中设置开始选项参数值 60.0，如图 4-4-96 所示。

(36) 使视频轨道 14 呈可编辑状态，将图像素材“sky.tif”拖到第 19 秒开始播放，持续时间 5 秒，如图 4-4-97 所示。

(37) 打开“特效控制”面板，分别对“运动”选项组的“比例”选项和“透明”的“不透明性”选项进行添加关键帧的操作，在第 19 秒的关键帧中设置图像尺寸比例为 0，不透明性为 0.0；在第 21 秒的关键帧中设置比例为 86.0，不透明性为 50.0，如图 4-4-98 所示。

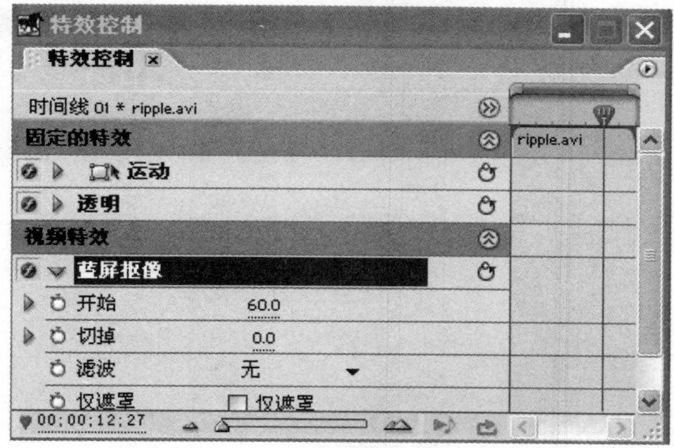

图 4-4-96 蓝屏抠像

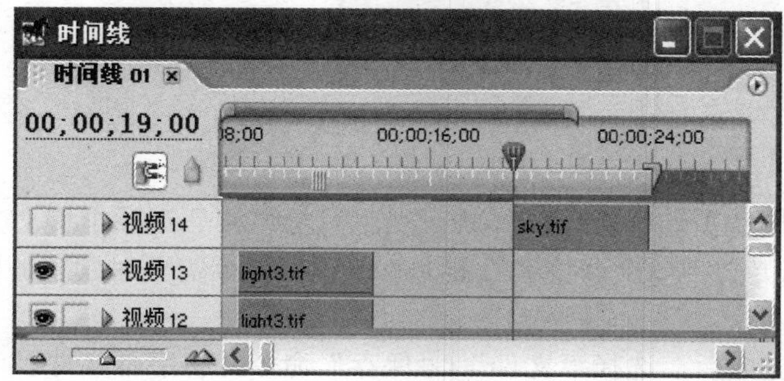

图 4-4-97 排列素材

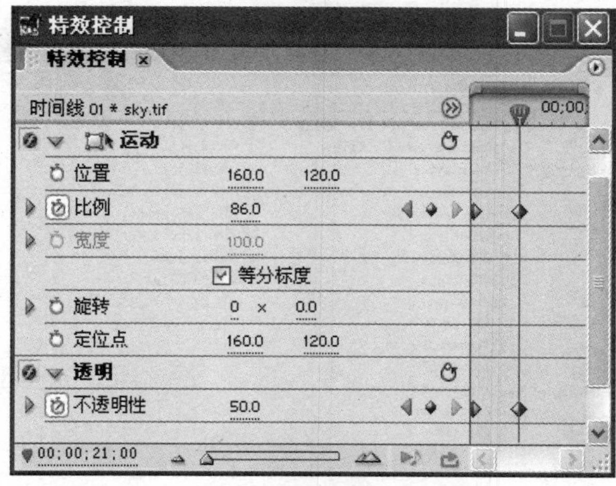

图 4-4-98 淡入动画

6. 添加字幕效果

(1) 选择“文件”|“新建”|“字幕”命令，打开字幕设计窗口，勾选“显示视频”复选框，在其后面的时间码中输入对应的时间，即字幕出现的时间“00; 00; 21; 00”。选择“类型工具”，在主编辑窗口中输入文字“GanZhou 您早”，调整其位置，如图 4-4-99 所示。

图 4-4-99　创建字幕时显示背景

(2) 在风格选项栏中选择合适的样式。在“目标风格”选项框中对文件进行细微的调整，设置好中文或英文字体，调整字号的大小。可以根据需要对文字的阴影、填充进行具体设置等。

(3) 文字编辑完成后，选择“文件”|“保存”命令，将字幕文件以“title.prtl”命名并保存在指定目录，此时项目窗口中会自动添加一个名称为“title.prtl”的字幕文件，如图 4-4-100 所示。

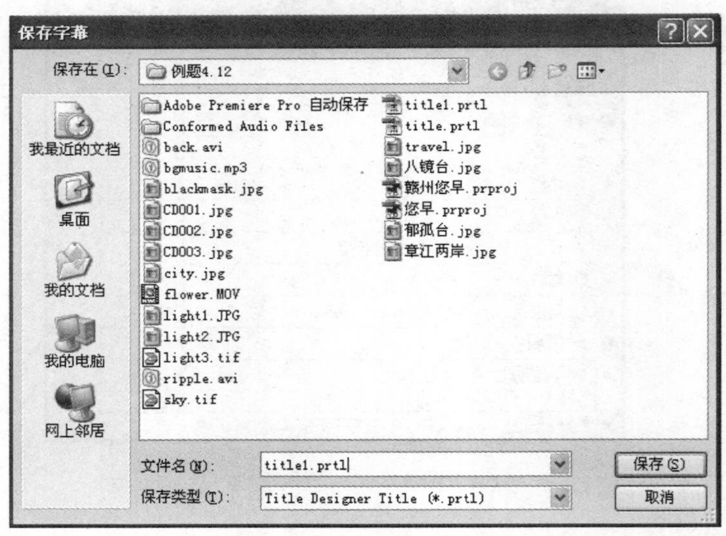

图 4-4-100　保存字幕

(4) 将字幕“title.prtl”拖入时间线中的视频轨道 15，使其在第 21 秒开始，持续时间 3 秒，在第 24 秒停止，如图 4-4-101 所示。

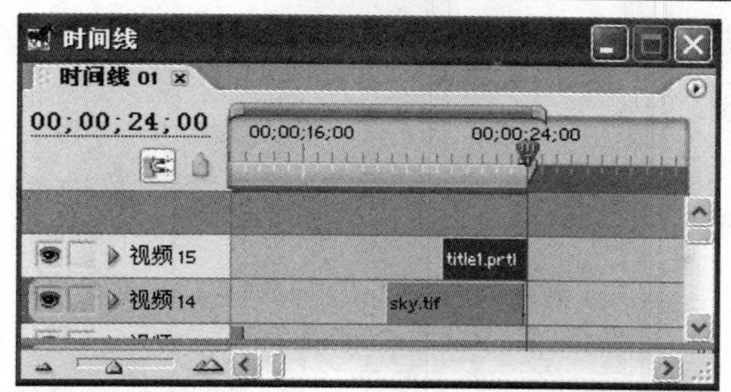

图 4-4-101　将字幕拖入时间线中

(5) 为该字幕开头添加“相加溶解”转场特效，设置特效持续时间为 2 秒，如图 4-4-102 所示。

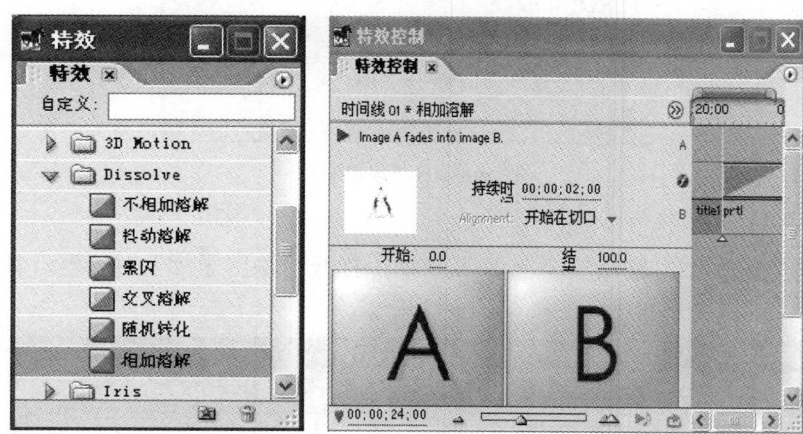

图 4-4-102　字幕开头添加“相加溶解”转场特效

7. 添加音频特效

将项目窗口中的声音素材“bgmusic.mp3”拖入时间线窗口的音频轨道中，并使用剃刀工具剪掉多余的部分，使声音与视频同步，如图 4-4-103 所示。

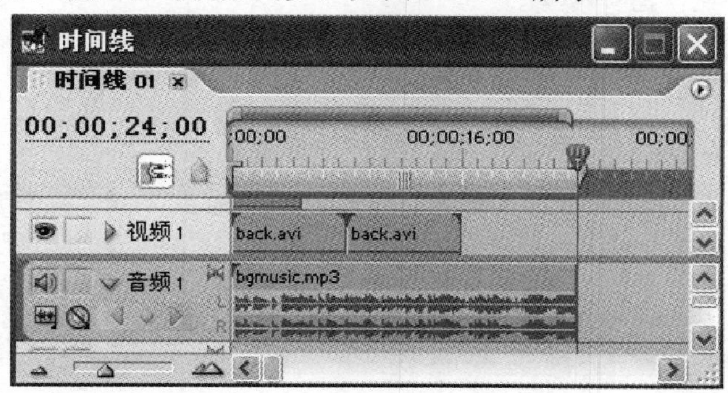

图 4-4-103　添加音频

8. 预览影片

(1) 完成视频、音频的编辑工作后，对影片进行预览。在监视器窗口中单击“播放”|“停止”按钮▶，观看完成后效果。如图 4-4-104 所示。

(2) 根据预览对影片进行修改完善工作，最后选择“文件”|“保存”命令，或按下组合键“Ctrl+S”，保存文件。

图 4-4-104　预览影片

9．输出影片

(1) 选择“文件”|“输出”|“影片”命令，打开“输出影片”对话框，将文件以“赣州”命名，如图 4-4-105 所示。

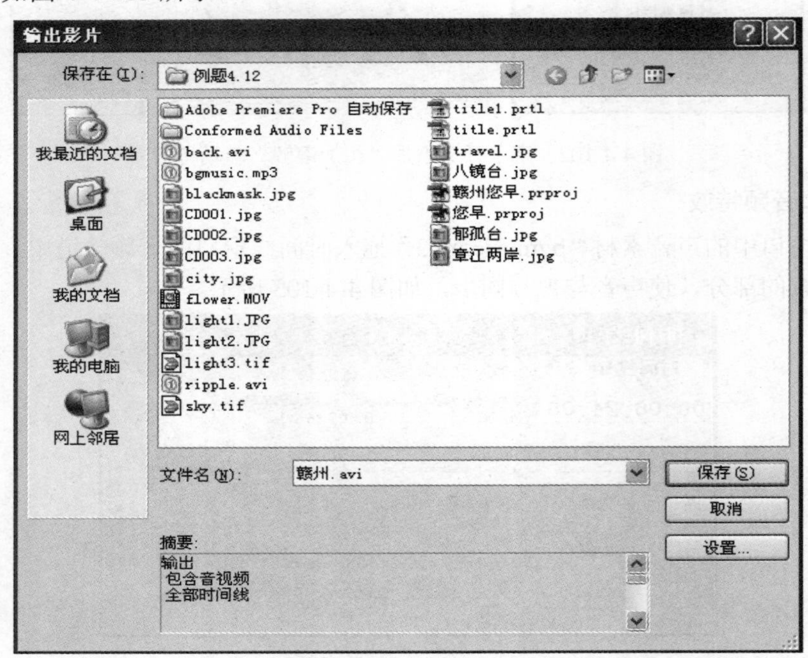

图 4-4-105　“输出影片”对话框

(2) 单击“设置”按钮，弹出“输出电影设置”对话框中选择“常规”页面，设置输出文件类型为“Microsoft AVI”，范围选择“全部时间线”，如图 4-4-106 所示。

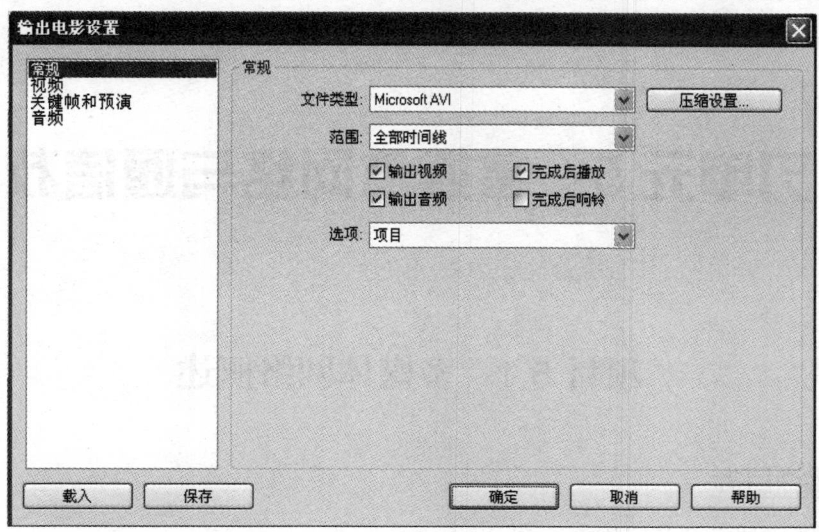

图 4-4-106　“常规”页面

(3) 在“视频”页面中，设置压缩方式为“Cinepak Codec by Radius”，品质选择最高，如图 4-4-107 所示。

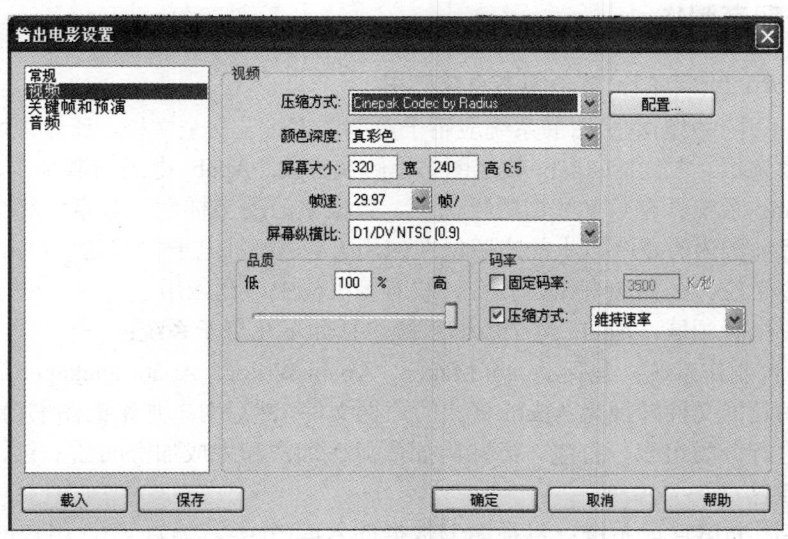

图 4-4-107　“视频”页面

(4) 单击“确定”按钮回到“输出影片”对话框，完成输出设置。输出完成后就可以使用 Windows Media Player 欣赏影片了。

学习单元 5 多媒体网络与通信技术

项目 5.1 多媒体网络概述

项目训练目标

掌握超链接技术及其应用。

拓展训练项目

超链接电子图书制作

1．方正 Apabi(阿帕比)电子图书系统应用

方正 Apabi(阿帕比)电子图书系统应用于数字图书馆、安全文档、商业领域的光盘资料的发行等诸多领域。它包括 Apabi 数字图书馆解决方案、Apabi 电子图书制作、发行和销售等功能。Apabi 系统具有数字数据版权保护、数据来源的多样性、兼容性和交互操作能力好等特点。目前国内有80%以上的出版社在应用方正Apabi电子技术及平台出版电子图书，并在全球许多学校、公共图书馆、教育、政府等机构中广泛应用。

面向商业出版领域，Apabi 电子图书系统包括如下几个子系统：

(1) 图书包制作系统：包括 Apabi Maker、Apabi Writer、Apabi Packager 等，可以将各种内容格式的数据文件转换为 Apabi 格式的数据文件，然后对未加密的图书内容进行加工，对数据文件进行分类组织、打包、添加附加信息、加密和生成加密的图书包、信息描述以及版权授权信息。

(2) 数字图书馆管理系统：包括图书数据的入库(分类，编目等)、用户的管理、版权控制的设置、安全的借阅和还书。对于共享的图书，通过设置范围限制来达到访问受限的目的。

(3) 终端阅读系统：支持数字图书馆应用的 Apabi Reader。

方正 Apabi Maker 是一个数据转换工具，可以把用于印刷的电子文档，包括 S2、S72、PS2、PS、EPS、TIFF、DOC 等格式的文件，转换为可用于阅读的电子书文件 CEB。转换成的 CEB 文件完全保持原书的版式，包括原书里的图片、表格、数学公式、化学公式和色彩等复杂的版面内容。

方正 Apabi Writer 可以对 CEB 文件建立目录链接，还可以制作电子书(eBook)的源数据信息，如作者、书名、书号、定价、出版社名和摘要等。

Apabi Writer 还承担了书库和图书馆的作用，在大量的电子书中，出版社可以快速地从书库中选取读者需要的书籍，实现电子书的分类管理。

方正 Apabi Writer 作为网络出版整体解决方案的重要组成软件之一，在功能上，主要是针对出版社用来填充书目信息、制作图书目录链接所用。同时，Apabi Writer 还具翻译功能、查找功能和艺术设置功能。

方正 Apabi Reader 是阅读电子书(eBook)的阅读软件，可以阅读 CEB、PDF、HTML、TXT 和 OEB 等格式的文件。方正 Apabi Reader 界面友好，尽量使电子书的阅读接近于传统纸书的阅读习惯，其主要功能有翻页、加批注、加划线、加书签、查找等。常用的中英文电子词典软件，可以通过屏幕取词，这样就可以对方正 Apabi Reader 中的词进行翻译。

方正阿帕比阅读软件(方正 Apabi Reader)的组成包括：阅读器(Reader)、藏书阁(Library)、书店(eBook Store)。图 5-1-1 所示为方正 Apabi Reader 的操作界面。

图 5-1-1　方正 Apabi Reader 的操作界面

Apabi Packager 是 Apabi 数字图书馆系统方案中十分重要的子系统，是数字出版系统的核心部件。其主要功能有数据加密、版权授权、介质生成。拥有数字图书版权的企、事业单位购买该系统，则可以通过该系统指定数字图书的授权方式来确定内容访问的受限范围和形式，然后系统按照版权授权的规则，通过数字加密来控制图书内容被传播后的使用范围和程度，从而达到版权保护的目的。

Apabi 数字图书馆是一个功能可配置的集版权保护的图书馆管理信息系统，集网络全文搜索引擎为一体的功能强大的系统。Apabi 数字图书馆适应各种数字图书管理业务的要求，对于传统大型公共图书馆，企、事业单位的内外部资料管理系统，出版社的光盘出版系统等的业务需求都可以较好地解决。

方正 Apabi 电子图书系统中只有 Apabi Reader 是免费软件，这里只能提供 Apabi Reader 阅读器的操作练习。

2. 操作练习

(1) 使用方正 Apabi(阿帕比)电子图书阅读器观看电子图书。先安装方正 Apabi(阿帕比)电子图书阅读器软件(光盘的“软件\GBKElibraryReaderSetup.exe”)，再查看电子图书光盘的“学习单元 5\项目 5.1\200604e[1].ceb”。

(2) 制作电子图书。使用教学资料免费软件“PPublisher21.exe”制作电子图书，以 WORD

文件为例来演示制作 XEB 图书的方法。

(3) 运行 WORD，打开需要制作的 DOC 文件，转换成 XEB 格式前先保存该 DOC 文件。

(4) 单击“文件”|“转换为方正电子书籍”，或直接点击工具栏上的“转换为方正电子书籍”，位置如图 5-1-2 所示。

(5) 弹出的“制作图书向导”对话框，如图 5-1-3 所示。

图 5-1-2　转换为方正电子书籍

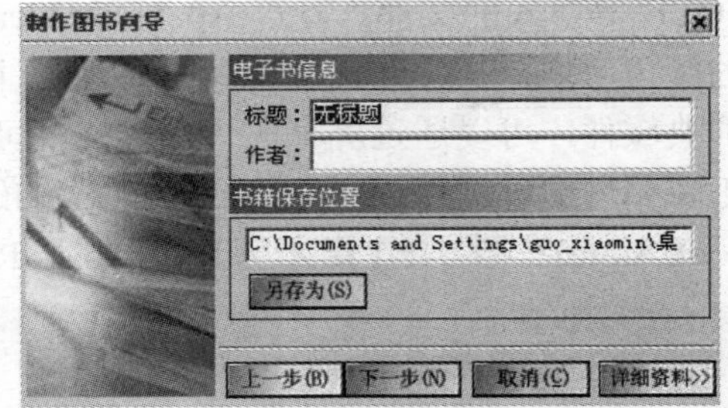

图 5-1-3　“制作图书向导”对话框

可以直接修改书籍保存位置，也可以点击“另存为”，重新指定 XEB 电子书籍保存位置和文件名。点击“高级”按钮，可以输入源数据信息，点击“下一步”继续。

(6) 制作完成，如图 5-1-4 所示。点击“详细资料”，可以查看详细路径和文件名。如果选中“用方正 Apabi Reader 阅读此书”，可以使用方正 Apabi Reader 查看制作的 XEB 是否正确(计算机中要预先装有方正 Apabi Reader)，点击“完成”，电子书籍制作完成。

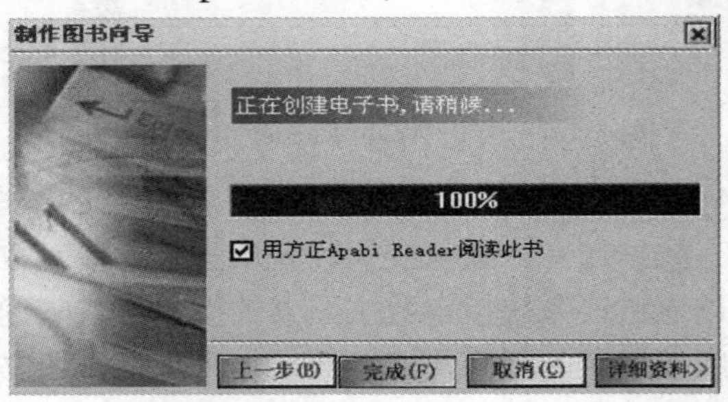

图 5-1-4　制作完成

项目 5.2　多媒体网络与通信

项目训练目标

练习使用多媒体通信技术。

拓展训练项目

了解交互式数字电视

针对你所在地区的数字电视系统，说说目前的数字电视系统提供了哪些新型的服务，还需要做哪些方面的改进。

项目 5.3　多媒体网络与虚拟现实技术

项目训练目标

结合网络技术，了解虚拟现实技术的广泛应用。

拓展训练项目

VRML 网络虚拟互动场景的制作与应用

下面通过三个简单的例子来着重介绍构造虚拟实景的过程和方法，让大家对 VRML 语言有一个简单的理解。

首先，从网上下载 VRML 的播放器，如 Cortona3d、BS Contact VRML、Cosmo World、VrmlPad 等，安装好后就可以直接在 IE 浏览器中观看 VRML 文件。使用 Windows 附件自带的“记事本”进行程序代码的编辑。保存时应注意文件的格式，文件的扩展名一定要为 WRL。VRML 提供了 Primitives 的许多种节点对象，包括 Box、Sphere、Cone、Cylinder 等，可以使用它们构造三维场景。

下面是一个 VRML 的简单例子：构造一个半径为 1 个单位的被照亮的三维红球。

程序 1

把文件保存为 Sphere.wrl，程序运行结果如图 5-3-1 所示。

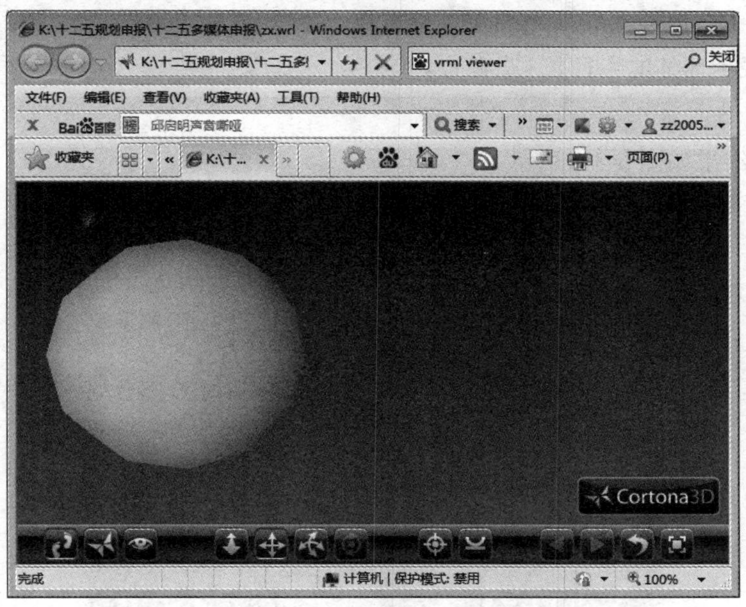

图 5-3-1　程序 1 的运行结果

程序代码如下：

```
#VRML V2.0 utf8
Shape{
  appearance Appearance {
    material Material{
      emissiveColor 1 0 0
    }
  }
  geometry Sphere {
    radius 1
  }
}
```

程序说明如下：每个 VRML V2.0 文件必须以下面的语句开始：# VRML V2.0utf8。utf8 是国际标准组织确立的一个标准，用于在 VRML 文本节点中引导语言字符。

以“£”或“#”开头的文本行是注释行，直到下一个回车符终止，它在运行过程中将被忽略。

Shape 是 VRML 的一种节点类型，它有两个字段(Field)：appearance 和 geometry 分别用于定义物体的外观属性(如材质、纹理)和几何属性。

appearance 字段后紧跟的 Appearance 也是 VRML 的一种节点，表示物体的外观属性。Appearance 可以定义 material (材质)、texture (纹理)和 textureTransform (纹理映射)三种属性。

Material 节点紧跟在 material 字段后面，其内容是物体的材质属性。

emissiveColor 100 表示球的表面材质反射 100%的红光、0%的绿光和 0%的蓝光。

geometry 字段后的 Sphere 节点表示物体是一个球体。

radius 1 表示球体的半径是 1 个单位。

程序 2

程序运行结果如图 5-3-2 所示。

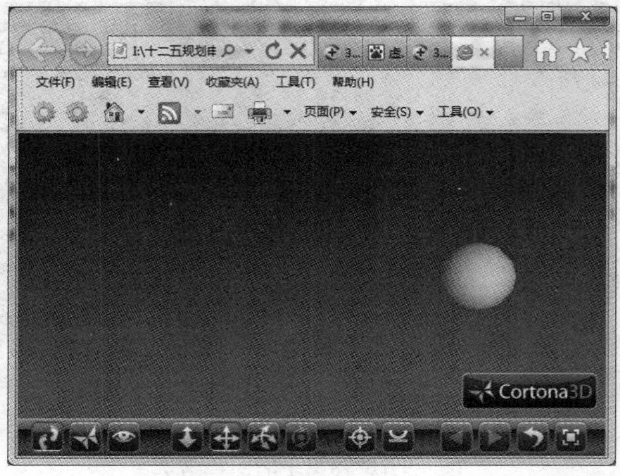

图 5-3-2　程序 2 的运行结果

在这个场景中，红色的球体位于屏幕的中心，它的中心坐标为{0, 0, 0}。如果想把它移动一个位置，可以通过给它外套一个Transform(变换节点)来实现。

程序代码如下：

```
#VRML V2.0 utf8
Transform{
  translation 5 0 0
  children[
    Shape{
      appearance Appearance{
        material Material{
          emissiveColor 1 0 0
        }
      }
      geometry Sphere{
        radius 1
      }
    }
  ]
}
```

程序说明如下：在VRML中，Transform节点可以引进平移、旋转和缩放变换操作。把Transform节点的translation(平移)域设置为500，意味着Transform节点所在的坐标系相对于其上层坐标系向右平移(即x轴方向)5个单位，其他两个方向上不移动。VRML的距离单位是m，5个单位相当于5 m。children后的方括号内定义Transform节点的子对象。

程序3

程序运行结果如图5-3-3所示。

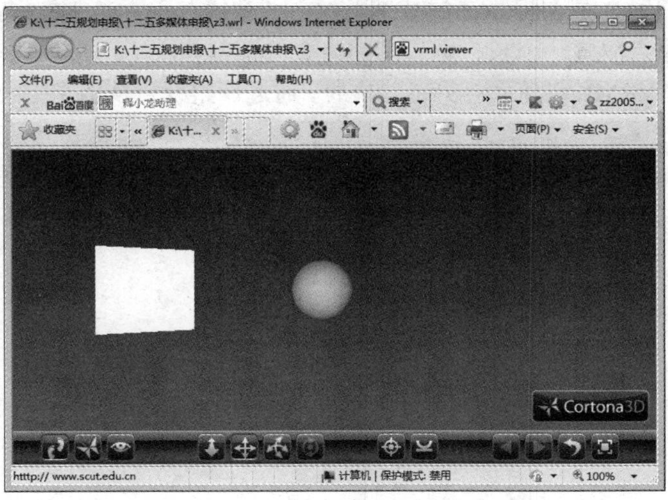

图5-3-3　程序3的运行结果

接下来在场景中增加一个正方体，并在球体上加上超链接的功能，完整程序如下：

```
#VRML V2.0 utf8
Anchor{
  url["http:// www.scut.edu.cn" ]
  children[
    Transform{
      translation 5 0 0
      children[
        Shape{
          appearance Appearance{
            material Material{
              emissiveColor 1 0 0
            }
          }
          geometry Sphere{
            radius 1
          }
        }
      ]
    }
  ]
}
Shape{
  geometry Box {size 2 2 2 }
}
```

程序说明：程序 3 是在程序 2 的基础上加上一个锚节点，链接到华南理工大学的校园网上，最后，在原点放置一个长、宽、高都为 2 的正方体。

保存文件，用 VRML 浏览器打开这个文件，通过调整视点从多个方位浏览自己的作品。

学习单元 6　多媒体应用开发

项目 6.1　多媒体应用开发流程和常用工具

项目训练目标

通过实践项目的制作来体验多媒体作品的开发流程。

拓展训练项目

一、多媒体作品开发的方法与流程

叙述简单原型法的实施要领，并说说其他软件开发的方法？

二、制作实例“假日”

初步体验使用 Authorware7.02 制作多媒体作品的全部过程，具体步骤如下：

(1) 打开 Authorware7.02，新建一个文件，将文件保存为“假日”。复制光盘的“学习单元 6\项目 6.1\实例假日”文件夹到计算机硬盘中。

(2) 在“文件属性面板”中，单击背景颜色框，弹出调色板，选择棕红色，作为演示窗口的背景色。在选项区域中取消“显示标题栏”和“显示菜单栏”复选框，并选择“屏幕居中”选项，使演示窗口出现在屏幕中央。在大小下拉列表中选择“根据变量”选项，设置演示窗口的大小由变量确定，如图 6-1-1 所示。

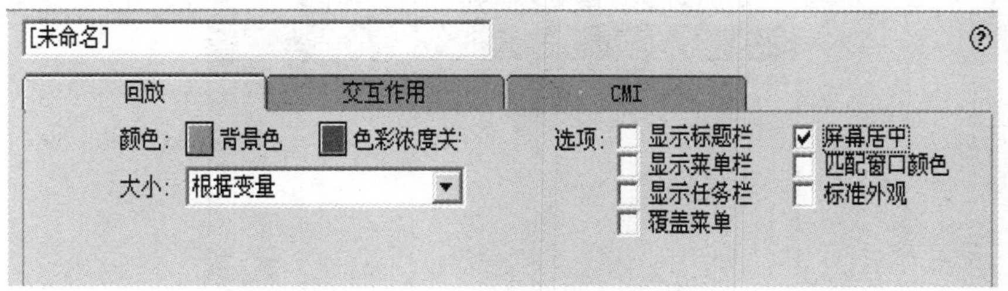

图 6-1-1　“文件属性面板”对话框

(3) 从图标栏中拖动一个计算图标放入设计窗口，将图标命名为“窗口”，双击计算图标，打开空白的计算窗口。

(4) 单击工具栏中的“函数”按钮，打开函数窗口，在其中选择 “ResizeWindow”，

单击“粘贴”按钮，将该函数粘贴到计算窗口中，单击“完成”按钮，关闭函数窗口，如图 6-1-2 所示。

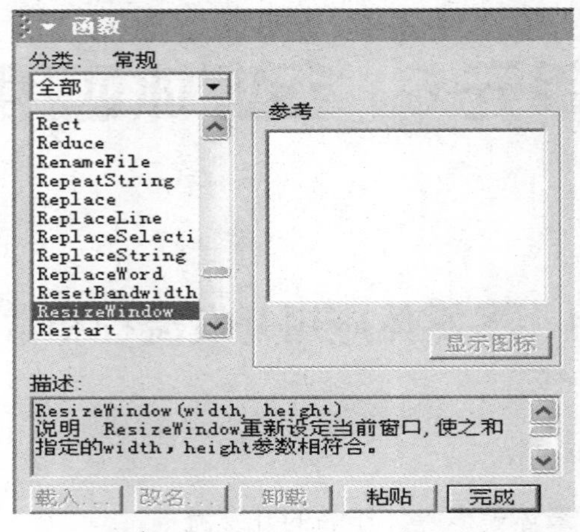

图 6-1-2　“函数”选项对话框

(5) 在计算窗口中将函数参数“width，height”改为“320，240”，如图 6-1-3 所示。单击计算窗口右上角的关闭按钮，关闭该窗口，弹出图 6-1-4 所示的“确认”对话框，单击“是”，保存计算窗口中的内容。

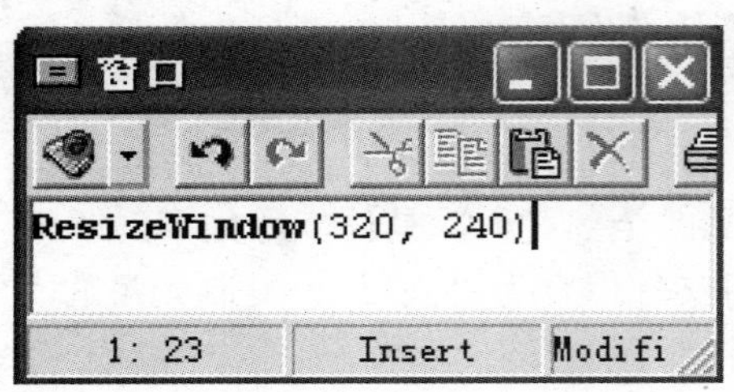

图 6-1-3　计算窗口

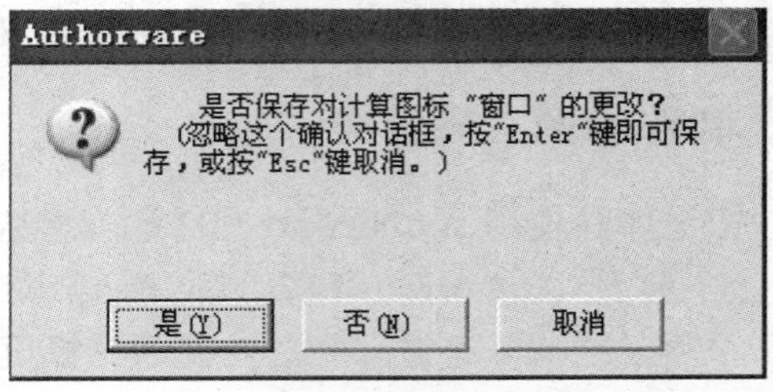

图 6-1-4　“确认”对话框

(6) 拖动一个显示图标到计算图标下方，将它命名为“背景”。双击打开显示图标，单击工具栏中的导入按钮，找到计算机“实例假日”文件夹中的图像文件“背景”，如图 6-1-5 所示，单击“导入”按钮，将图像导入到演示窗口中。

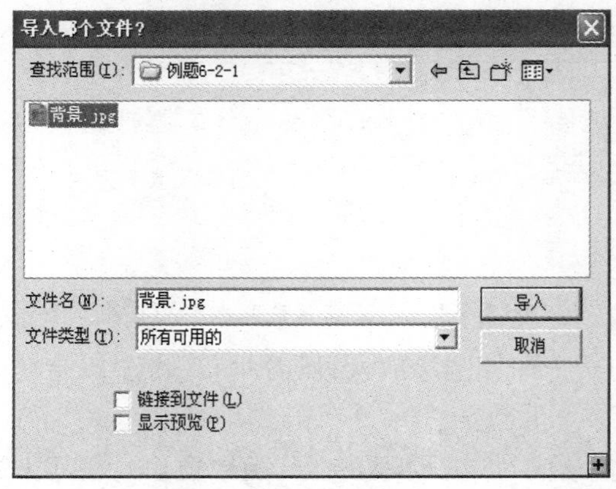

图 6-1-5　导入图像

(7) 拖动一个群组图标到“背景”图标下面，并命名为“音乐和文字”。

(8) 双击打开群组图标，拖动一个声音图标到二级设计窗口中，并命名为“音乐”。选中“音乐”图标，在下边的“声音属性面板”中，单击“导入”按钮，弹出“导入文件”对话框，找到计算机“实例假日”文件夹中的声音文件“音乐”，选中“链接到文件”复选框，如图 6-1-6 所示，单击“导入”按钮，导入外部声音文件。单击“声音属性面板”中播放按钮，可以预听导入的声音。

(9) 选择“声音属性面板”中的“计时”选项卡，如图 6-1-7 所示，在“执行方式”下拉列表框中选择“同时”选项，使得在执行该声音图标时，同时执行后面的图标。

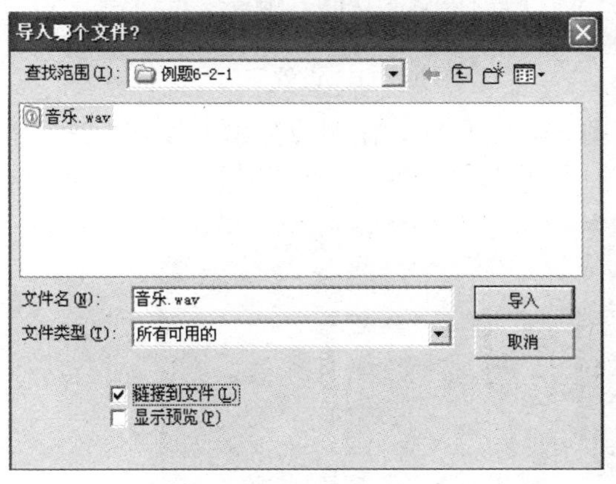

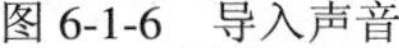
图 6-1-6　导入声音

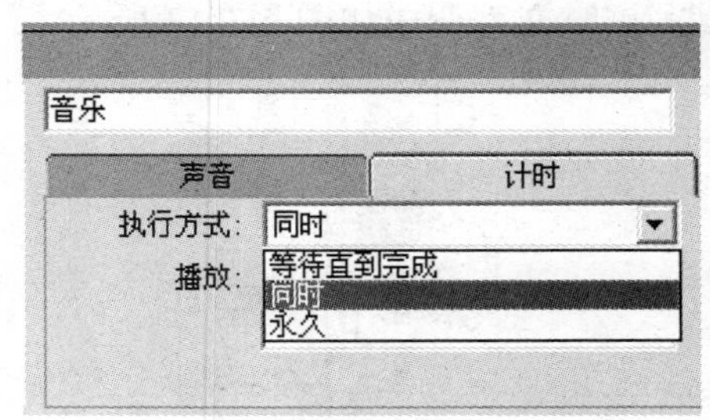

图 6-1-7　执行方式

(10) 在声音图标下放置一个显示图标，命名为“文字”。

(11) 双击打开显示图标，选择绘图工具箱中的文字工具A，如图 6-1-8 所示，在演示窗口中单击，输入文字“假日”，如图 6-1-9 所示。

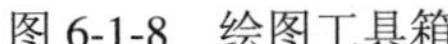
图 6-1-8　绘图工具箱

图 6-1-9　输入文字

(12) 选择绘图工具箱中的选择工具，使文字呈选中状态，执行“文本”|“字体”|“其他”命令，打开字体对话框，在字体列表中选择所需要的字体，如图 6-1-10 所示。

(13) 执行“文本”|“大小”|“其他”命令，打开字体大小对话框，在数值框中输入所需要的文字大小，如图 6-1-11 所示。

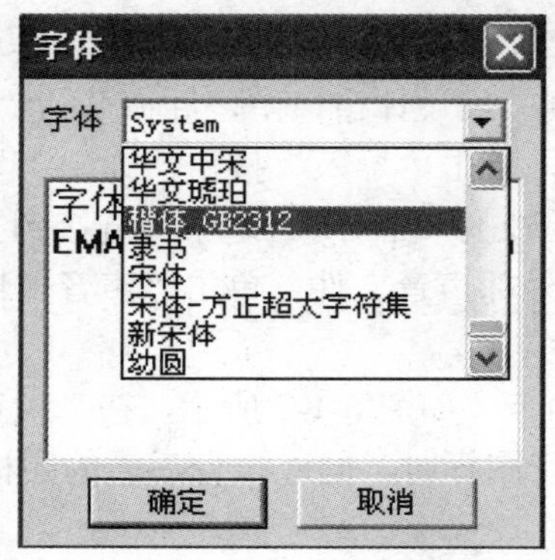

图 6-1-10　设置字体　　　　图 6-1-11　设置字号

(14) 单击绘画工具箱下方的“模式”，如图 6-1-12 所示，在侧边弹出的模式中选择“透明”，这时文字变成如图 6-1-13 所示。

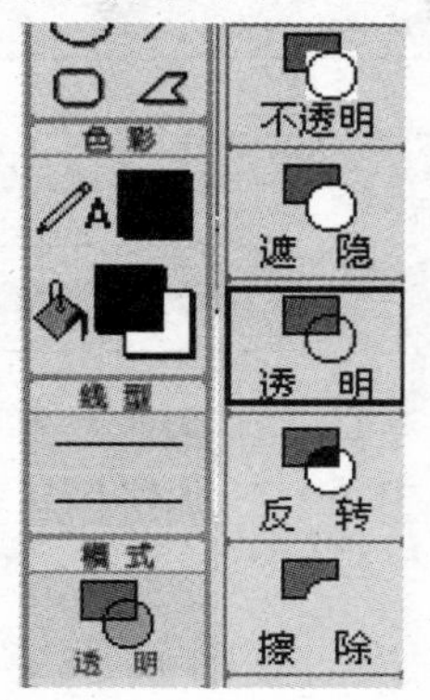

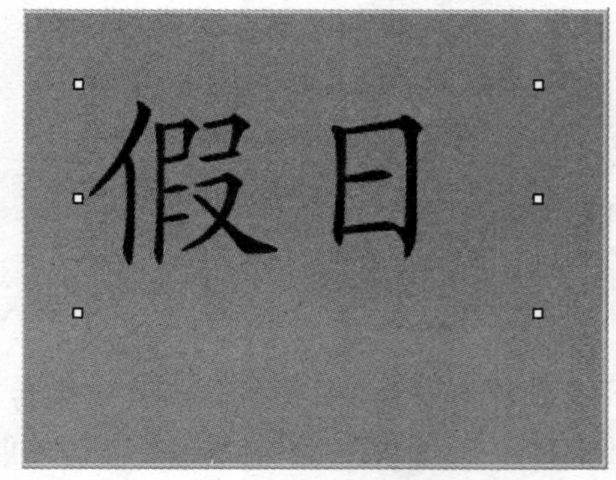

图 6-1-12　透明模式　　　　图 6-1-13　“假日”文字

(15) 在二级设计窗口选中显示图标“文字”后，单击显示属性面板中“特效”框右侧的特效按钮，打开如图 6-1-14 所示的“特效方式”对话框，设置图中所示的过渡效果，单击“应用”按钮，可以预览所设置的效果。

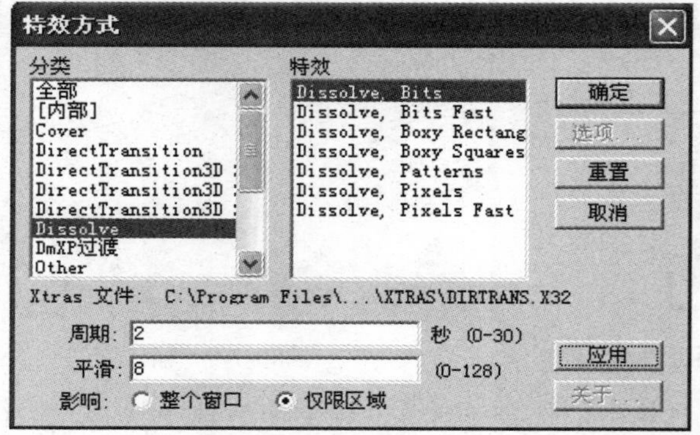

图 6-1-14　“特效方式”对话框

(16) 在显示图标下放置一个等待图标，选中该图标，窗口下边出现“属性：等待图标 [ ]”面板，如图 6-1-15 所示，在“时限”文本框中设置为 5 秒等待时间，取消其他选项，使文字显示后有一定的停留时间。

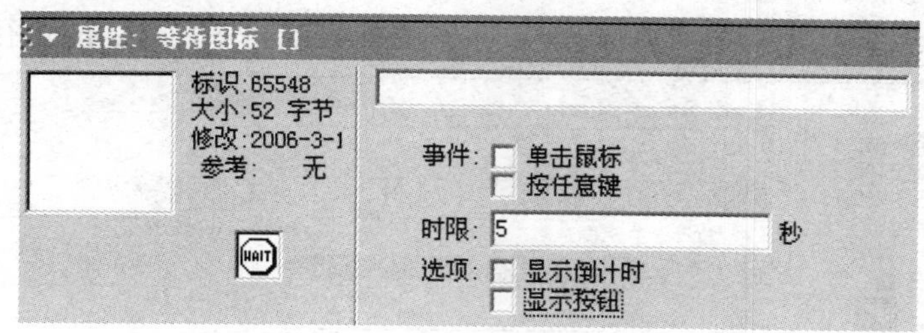

图 6-1-15　“属性：等待图标[ ]”面板

(17) 在等待图标下方放置一个擦除图标，并命名为“擦除文字”。选中擦除图标，窗口下边出现“属性：擦除图标〔擦除文字〕”面板。单击演示窗口中的文字，将其指定为擦除对象，包含文字的显示图标出现在“被擦除图标”的列表中。单击显示属性面板中“特效”框右侧的特效按钮，选择与显示文字相同的过渡效果，使文字的擦除具有逐渐消失的效果，单击“预览”按钮，可以观看效果，如图 6-1-16 所示。

图 6-1-16　“属性：擦除图标[擦除文字]”面板

(18) 单击工具栏中的播放按钮，观看文字和声音效果。

(19) 建立视频播放。关闭“音乐和文字”二级设计窗口，在一级设计窗口中群组图标的下方再放置一个组合图标，命名为“视频”。双击打开群组图标“视频”的二级设计窗口，在其中放置一个电影图标，并命名为“儿童”。

(20) 选中电影图标，在窗口下边出现的“属性：电影图标”面板中，单击“导入”按钮，弹出图 6-1-17 所示的“导入文件”对话框，在硬盘上“实例假日”文件夹中找到视频文件“儿童.avi”，单击“导入”按钮，建立视频文件与程序的链接关系。

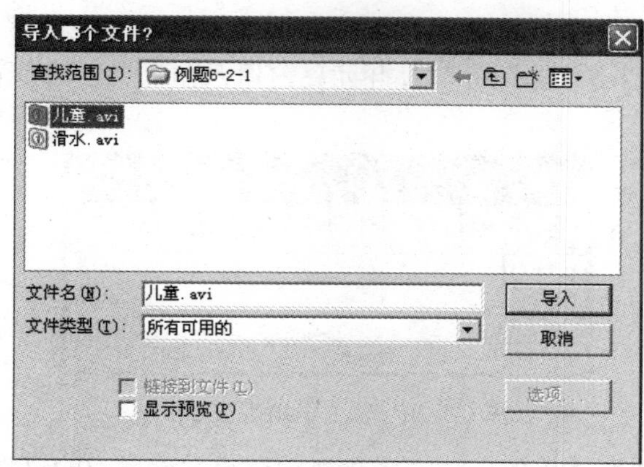

图 6-1-17　“导入文件”对话框

(21) 选择电影图标属性面板的“计时”选项卡，如图 6-1-18 所示，在“执行方式”下拉列表中选择“等待直到完成”选项，使该电影图标播放完毕后，才能执行其后面的程序。

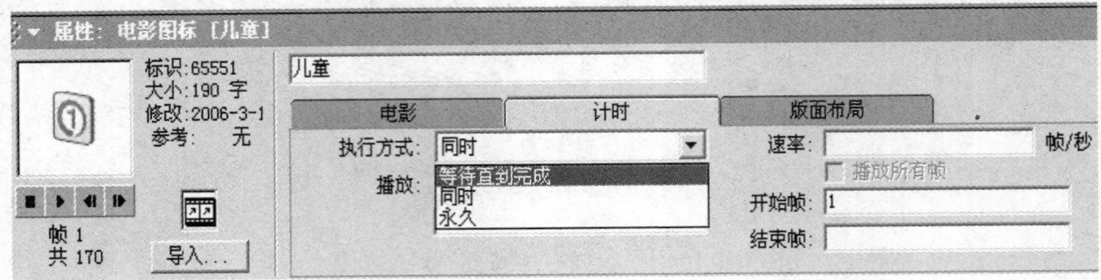

图 6-1-18　电影图标属性面板的“计时”选项卡

(22) 在电影图标下方放置一个擦除图标，并命名为“擦除儿童”，选中该图标，窗口下边出现“擦除图标属性”面板，单击演示窗口中的“儿童”视频图像，将其确定为擦除对象，如图 6-1-19 所示。

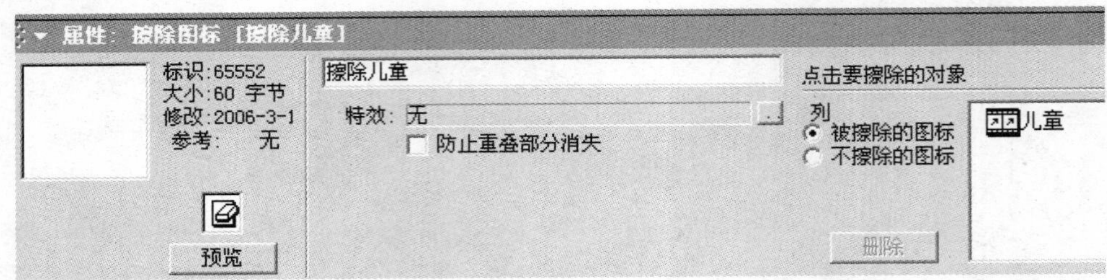

图 6-1-19　“擦除图标属性”面板

(23) 依照以上步骤，建立电影图标“滑水”和擦除图标“擦除滑水”。

(24) 创建结束文字及背景音乐，并做必要的修改。在一级设计窗口中选中群组图标“文字和音乐”，按“Ctrl + C”组合键复制该图标。

(25) 将粘贴手指点到群组图标“视频”下方，按“Ctrl + V”组合键粘贴群组图标“文字和音乐”，并将图标名改为“结尾文字和音乐”。

(26) 打开图标“结尾文字和音乐”的二级窗口，双击打开其中的显示图标文字，选择工具箱中的文字工具，将文字内容改为“再见”。

(27) 建立退出运行功能。在一级窗口的图标“结尾文字和音乐”下方放置一个计算图标，命名为“退出”。双击计算图标，打开计算窗口，输入退出函数 quit()，如图 6-1-20 所示，关闭计算窗口。

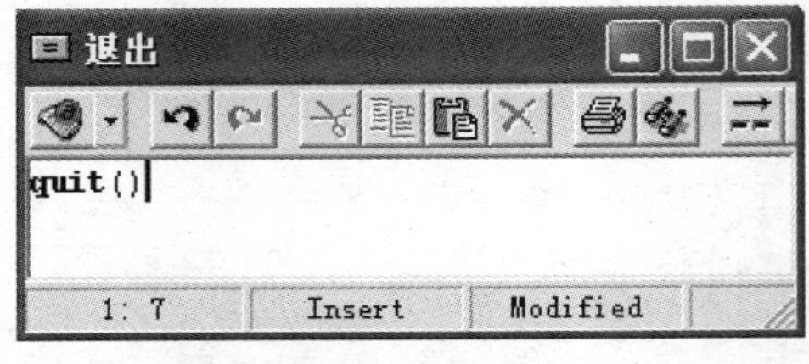

图 6-1-20　输入退出函数 quit()

(28) 运行程序，观察播放效果。文字和视频在演示窗口中的位置，可以在播放过程中拖动进行调整。

(29) 保存 Authorware 文件。执行“文件”|“保存”命令保存文件，也可以单击工具栏中的“保存”按钮，直接保存 Authorware 文件，以后就可以在 Authorware 中打开该文件，进行再编辑。

(30) 打包 Authorware 文件，生成可执行文件。执行“文件”|“发布”|“打包”命令，打开“打包文件”对话框，如图 6-1-21 所示。在对话框的下拉列表中选择“应用平台 Windows XP，NT 和 98 不同”选项，并选中“打包时使用默认文件名”复选框，单击“保存文件并打包”按钮开始打包，生成可执行文件。

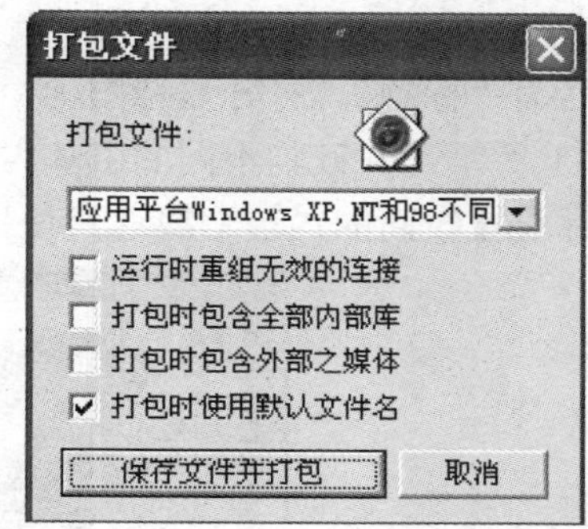

图 6-1-21　“打包文件”对话框

(31) 复制附带文件。在 Authorware 的安装目录中找到文件夹 xtras 和文件 A7VFW32.XMO，前者是包括转场效果在内的一些功能插件，后者是视频驱动文件，将两个文件复制并粘贴到“实例假日”文件夹中。

(32) 组织发行文件。图像文件“背景”已经引入 Authorware 程序内部，除了这个文件以外的一个声音文件、两个视频文件、一个打包文件、一个视频驱动文件和一个 xtras 文件夹，还有其他的一些相关链接文件，发行这个作品所需要交付的全部内容，都在 Authorware 的安装目录中可以找到，如图 6-1-22 所示。作品路径在光盘的“学习单元 6\项目 6.1\Published Files\Local”。

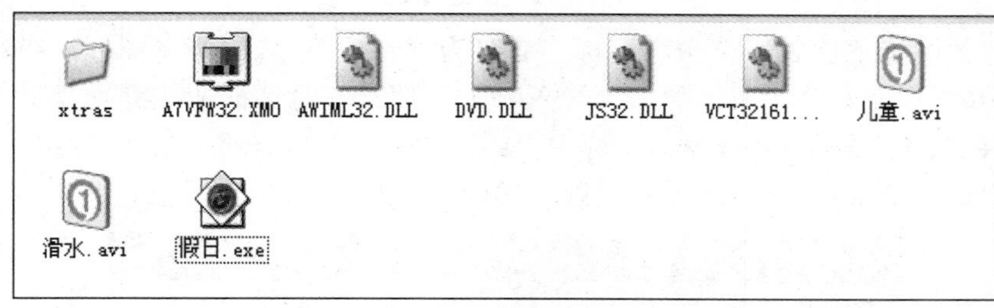

图 6-1-22　组织发行文件

(33) 运行打包文件。双击上图中的打包文件“假日.exe”，就可以直接在 Windows 环境下运行了。

项目 6.2　Authorware 应用基础

项目训练目标

掌握应用 Authorware 开发单一流程的多媒体作品。

拓展训练项目

基本图标应用程序“媒体的发展”

练习基本图标的使用方法、声音图标的使用和定义，引用变量和引用系统函数、批量导入外部文件和批量修改图标属性的方法。

具体步骤如下：

(1) 将光盘的“学习单元 6\项目 6.2\媒体的发展”文件夹复制到硬盘的例题文件夹中。

(2) 进入 Authorware7.02，打开“媒体的发展”文件，在设计窗口开头添加显示图标，命名为“标题”。打开显示图标，在其中创建文字：“媒体的发展”和“例题 6-3-3”，如图 6-2-1 所示，并设置不同的字体大小和颜色(深蓝色)，为文字设置透明显示方式，为该显示图标设置较高的“层”属性，使标题文字可以一起浮现在画面之上。

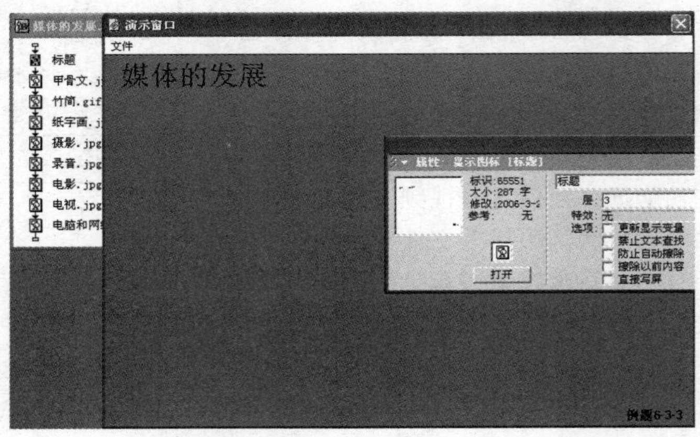

图 6-2-1　创建标题

(3) 在标题图标下放置一个声音图标，命名为“音乐”，选中声音图标，在声音图标属性面板中，单击“导入”按钮，弹出“导入哪个文件？”对话框，找到硬盘上“媒体的发展”文件夹中的声音文件 music.wav，选中“链接到文件”复选框，单击“导入”按钮，将该声音导入当前 Authorware7.02 程序之内，如图 6-2-2 所示。

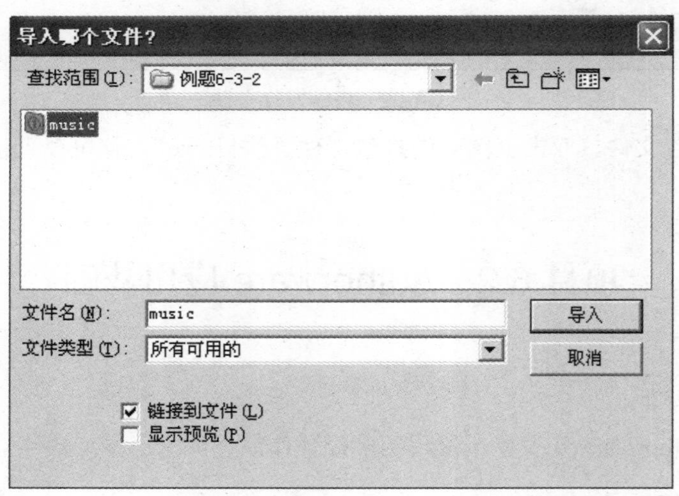

图 6-2-2　“导入哪个文件？”对话框

(4) 单击声音图标属性对话框中的“计时”选项卡，在“执行方式”下拉列表中选择“同时进行”属性的“同时”选项，使该声音和后面的图片可以同时播放。保持播放下拉列表框中的“固定次数”选项，并在下方数值框中输入 100，使该声音可以循环播放 100 次。

(5) 设置画面停留。使每幅图片出现后都停留相同的时间，然后自动进入下一幅图片。在第1个图像显示图标下放置等待图标，并命名为“等待”。等待图标属性面板中，在“时限”文本框给出自定义变量“dd”，取消其他类型选项，在随即弹出的“新变量设置”对话框中，给出自定义变量“dd”，初始值 0，以及描述文字“等待时间”，这样能够统一地控制停留时间，如图 6-2-3 所示。

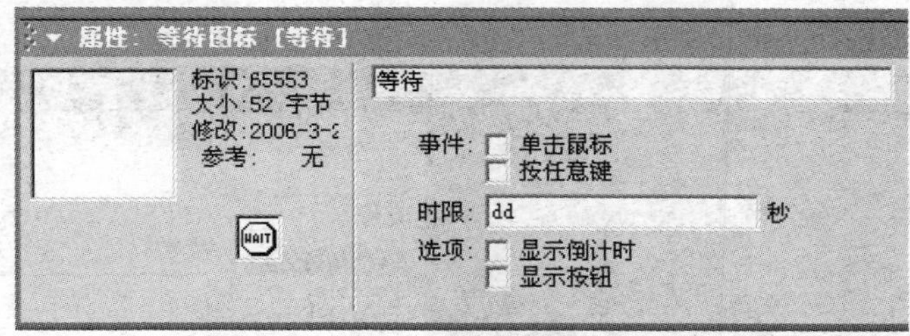

图 6-2-3　等待图标属性面板

(6) 选中并复制所建立的等待图标，在每一个图像显示图标下方粘贴该等待图标，同时选中 8 个图标和 8 个等待图标，将其组合在一个群组图标中，并将群组图标命名为“媒体的发展”，如图 6-2-4 所示。

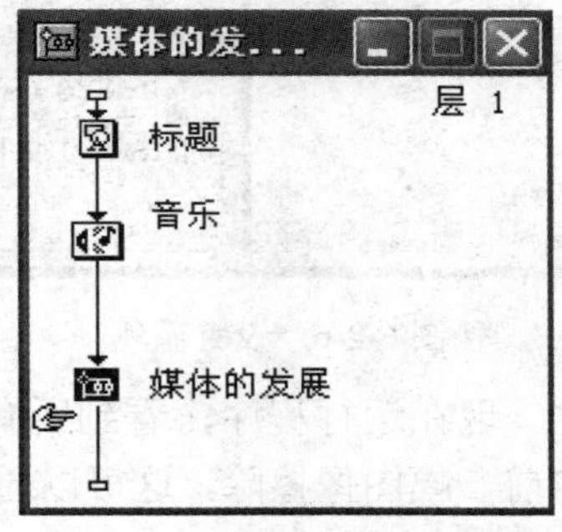

图 6-2-4　使用群组图标

(7) 在群组图标上方放置计算图标，并命名为“等待时间”，打开计算窗口，输入赋值语句“dd:=3”，这样每个等待图标中的限制时间都将是 3 秒，如图 6-2-5 所示。若要统一改变等待时间，改变赋值语句即可，关闭计算窗口。

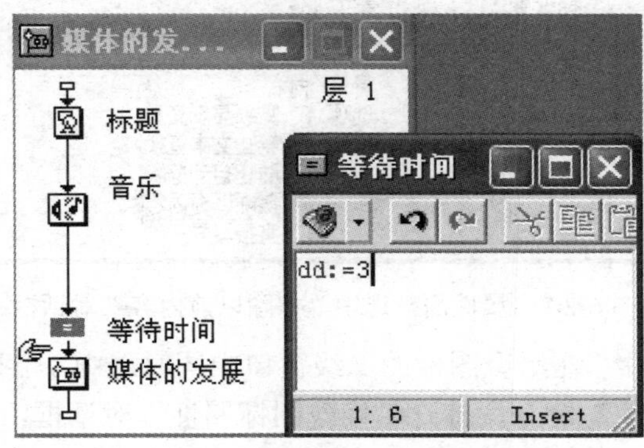

图 6-2-5　设置等待时间

(8) 设置循环播放，使 8 幅图片可以循环不停地显现。在程序末端放置计算图标，并命名为“循环”。打开“计算”窗口和“函数”对话框，在“函数”对话框的类别下拉列表框中选择“跳转”类，并在函数列表中选择 GoTo 函数。单击“粘贴”按钮，将该函数粘贴到“计算”窗口。在“计算”窗口中选中 GoTo 函数的参数 Icon Title，将其改为实际参数“媒体的发展”，如图 6-2-6 所示，使程序可以再次进入群组图标“媒体的发展”，从而实现循环。

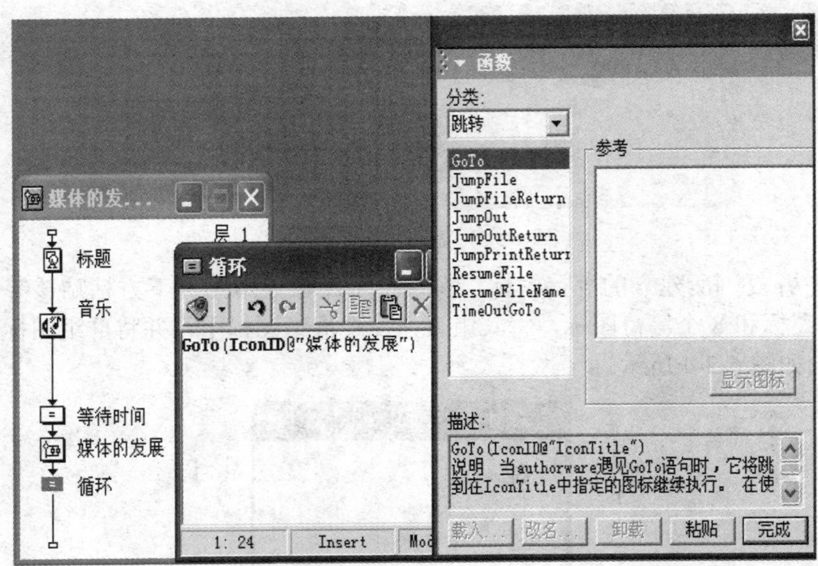

图 6-2-6　设置循环

(9) 设置擦除先前内容属性。现在运行程序，看到所有图像都重叠在一起，因此需要在每一幅图像显现之前，都能将前一幅图像擦除，这可以通过设置图像的“擦除以前内容”属性来实现，主要有两种不同的方法：

① 分别设置图像属性。分别在每一个图像显示图标的属性面板的选项中选中“擦除以前内容”复选框，如图 6-2-7 所示。

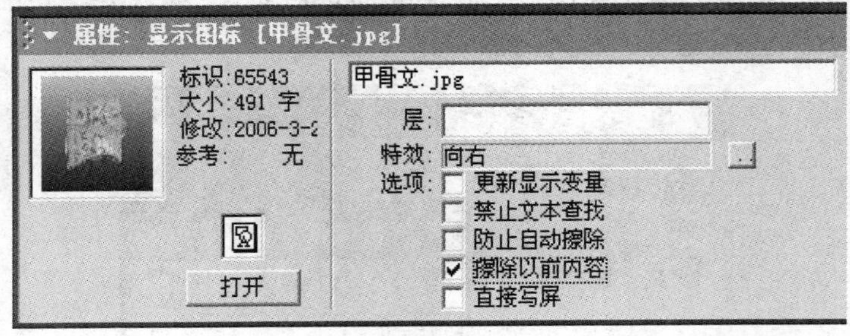

图 6-2-7　属性面板选中“擦除以前内容”对话框

② 批量修改图像属性。在组合图标的二级窗口中同时选中 8 个显示图标(借助 Shift 键)，执行“编辑”|“改变属性”命令，打开“修改图标属性”对话框，在“分类”下拉列表中选择“× 屏幕”，在下方下拉列表中选择“× 擦除先前的”选项，并在右侧选中“擦除以前内容”复选框，如图 6-2-8 所示。

单击“应用”按钮后，弹出图 6-2-9 所示的提示信息框，提示所做的批量修改操作将不可撤消，单击“确定”按钮，关闭该对话框，确认所做的修改。

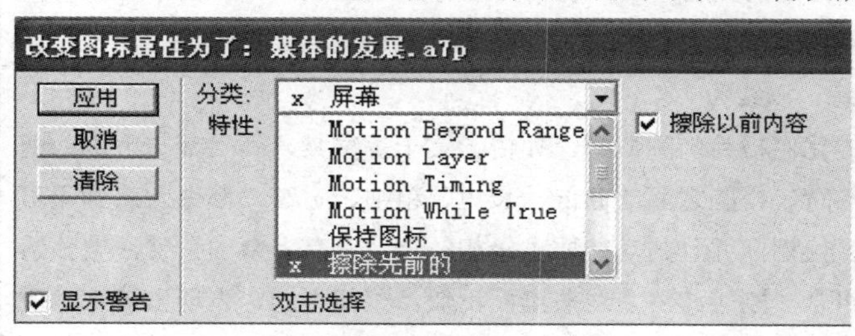

图 6-2-8　批量修改图像属性

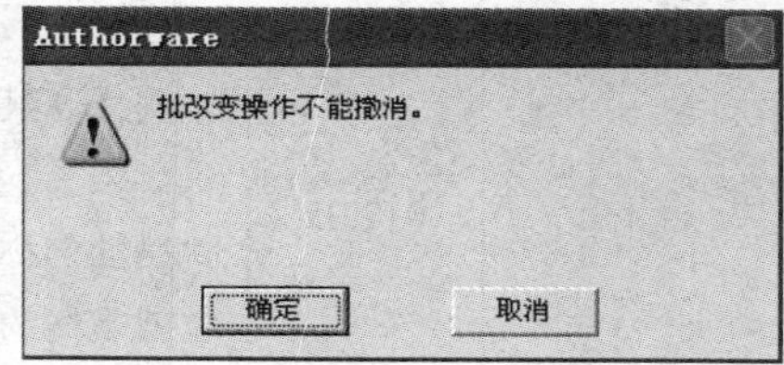

图 6-2-9　批量修改将不可撤消

(10) 运行程序，可以看到各幅图片依次显现，不再重叠。

(11) 设置出场过渡效果。为了使每幅图片的出现都具有某种出场过渡效果，分别选中相应的显示图标，按 Ctrl + T 组合键，打开“特效方式”对话框，如图 6-2-10 所示，设置过渡效果。

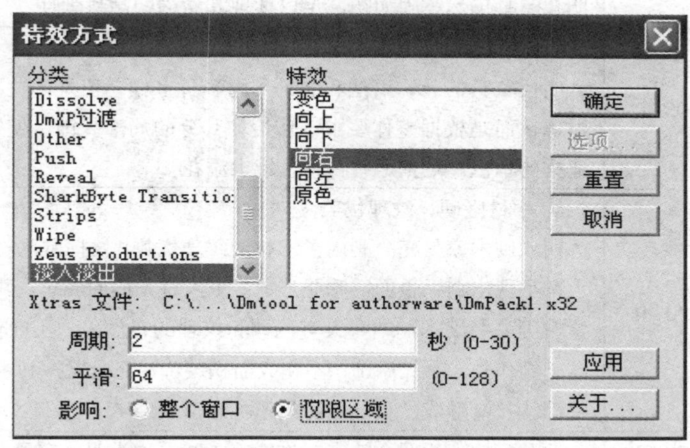

图 6-2-10　设置过渡效果

注意：使用“Cover”类效果和“Push”类效果时，如果随着画面整体移动而引起边缘连带现象，则最好不用；另外，“SharkByte Transitions”类效果包含声音，执行这样的效果时会打断背景音乐的播放。

(12) 运行程序，观察运行效果。确认无误后，将程序在媒体的发展文件夹中另存为“媒体的发展-1”。

二、音视频媒体的应用：明式古典家具欣赏

练习通过建立声音图标子图标，实现声音与图像同步播放。素材路径：光盘的“学习单元 6\项目 6.2\明式家具欣赏”。

素材介绍：利用资料图片经过扫描而获得的 14 个 Jpg 格式图像文件，并在 Photoshop 中做了相应的加工处理。声音文件“解说词”是在 Windows 录音机中使用麦克风录制的，通过 Premiere Pro1.5 中与背景音乐合成，并进行了音频格式、音量和降噪等处理。

图	时间	解 说 词
明 1-2-3	000.00	明代是我国家具的完备、成熟期，明代家具的品种齐全，造型丰富多样，形成了独特的风格。明代家具的风格特点，可细分为以下四点：
台 1-2	017.05	1. 造型简练、以线为主 明代家具的比例极为匀称协调。如椅子桌子等家具，其上部与下部，腿子、枨子、靠背、搭脑之间的高低、长短、粗细、宽窄，都令人感到无可挑剔的匀称、协调，并且与功能要求极相符合，没有多余的累赘，整体感觉就是线的组合。刚柔相济，线条挺而不僵，柔而不弱，表现出简练、质朴、典雅、大方之美
桌 1-2	062.45	2. 结构严谨、作工精细 明代家具的卯榫结构，极富有科学性。不用钉子少用胶，不受自然条件(潮湿或干燥)的影响，制作上采用攒边等做法。在跨度较大的局部之间，镶以牙板、牙条等，既美观又加强了牢固性。时至今日，经过几百年的变迁，明代家具仍然牢固如初，足以体现其结构的高科学性
椅 1-2	105.30	3. 装饰适度、繁简相宜 明代家具的装饰手法和装饰用材多种多样。但是，决不贪多堆砌、曲意雕琢，而是根据整体要求，作恰如其分的局部装饰，使整体上保持朴素与清秀的本色。可谓适宜得体、锦上添花
床 1-2	134.30	4. 木材坚硬、纹理优美 明代硬木家具充分利用了木材的纹理优势，发挥硬木材料本身的自然美，大都呈现出羽毛兽面等朦胧形象，令人有无尽的遐想。其用材多为黄花梨、紫檀等高级硬木，本身具有色调和纹理的自然美。工匠们在制作时，除了精工细作外，不加添饰、不作大面积装饰，充分发挥利用木材本身的色调、纹理特长，形成了自己独特的风格和审美趣味
桌 3 椅 3	179.63	后世模仿上述四个特点制作的家具就被称为明式家具

在 Windows 中播放处理好的声音文件，并根据所听到的解说词记录相应的图片出现时间。要记录某一点时间可按“暂停”按钮，左边的时间是声音播放的当前时间，如图 6-2-11 所示。

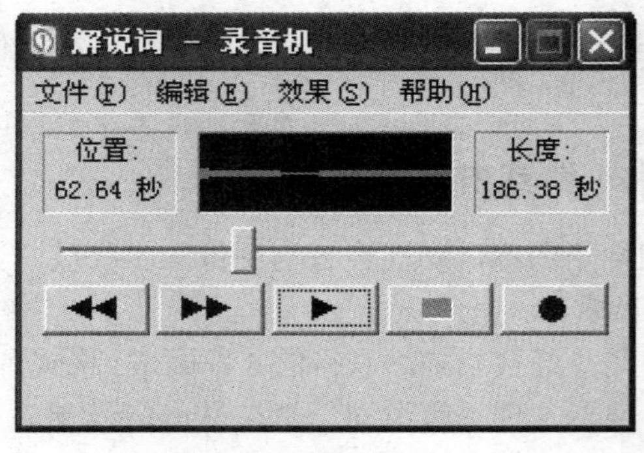

图 6-2-11　记录时间点

下面介绍操作步骤：

(1) 将光盘例题文件中的子文件夹“明式家具欣赏”复制硬盘上自己的例题文件夹中。

(2) 进入Authorware7.02，设置演示窗口：大小为640×480，白色背景。

(3) 创建标题，在设计窗口中放置显示图标，并命名为“标题”。双击显示图标，输入标题文字“明式古典家具欣赏”和作者名字，分别设置好字体及其大小和颜色，并设置“Alpha”显示方式，使之消除图像文字的白色背景。

(4) 导入解说词，建立声音图标“解说词”，如图6-2-12所示，以外部链接方式导入声音文件“解说词”。设置声音图标属性，如图6-2-13所示，设置“同时进行”属性，使之在播放该声音的同时，可以显示即将导入的图像。

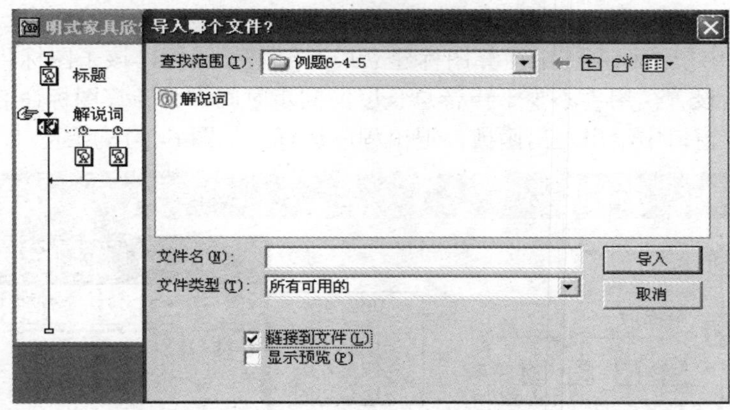

图6-2-12　外部链接方式导入声音文件“解说词”

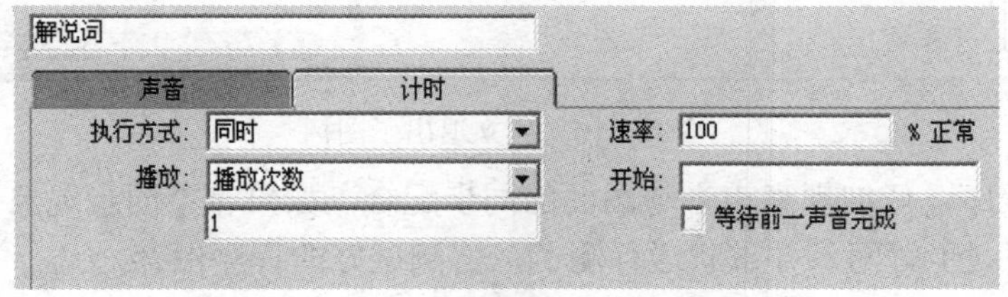

图6-2-13　声音图标属性“计时”选项卡

(5) 建立图像子图标，在声音图标右侧放置显示图标，并命名为“000.00”，生成声音图标的子图标，如图6-2-14所示。

(6) 选中以时钟表示的子图标分支符号，在媒体同步属性面板，如图6-2-15所示。

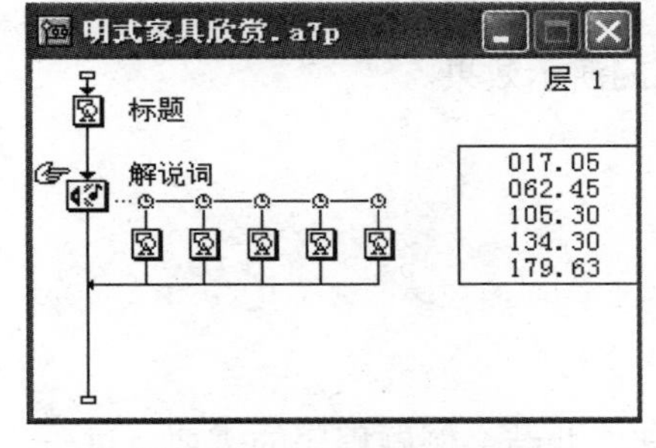

图6-2-14　声音图标子图标

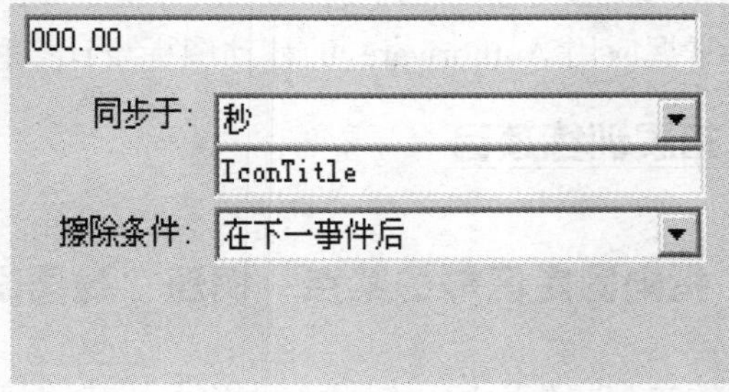

图6-2-15　媒体同步属性面板

“同步于”用于设置同步单位，通常设置“秒”选项，即当声音播放到多少秒时，执行子图标的内容。同步单位选项下方的文本框用来给出同步时间，可以直接给出时间值，例如给出 17.05 秒时，同时执行该子图标的内容。更为直观和简单的方法是，在这里给出系统变量“IconTitle”，该变量保存的是子图标名。这样，当需要修改同步时间时，只需修改图标名即可，而不必打开对话框，也可以在程序中看到同步时间。

擦除条件：用于设置何时擦除子图标的内容。这里，保持默认选项“在下一事件后”。

(7) 在同步结构中复制子图标“000.00”，共生成 6 个相同的子图标，根据前表中“解说词”所记录的同步时间，修改每一个子图标名，如图 6-2-14 所示。

(8) 依次打开每一个子图标，根据前表中给出的图像文件名导入相应的图像，并布置图像在演示窗口中的位置。

(9) 建立退出子图标，使用计算图标建立最后一个子图标，该子图标将继承前一个子图标的媒体同步设置。用“不少于声音总长度的同步时间”为计算图标命名，双击打开计算图标，在计算窗口中给出退出函数，退出程序运行。如图 6-2-16 所示。

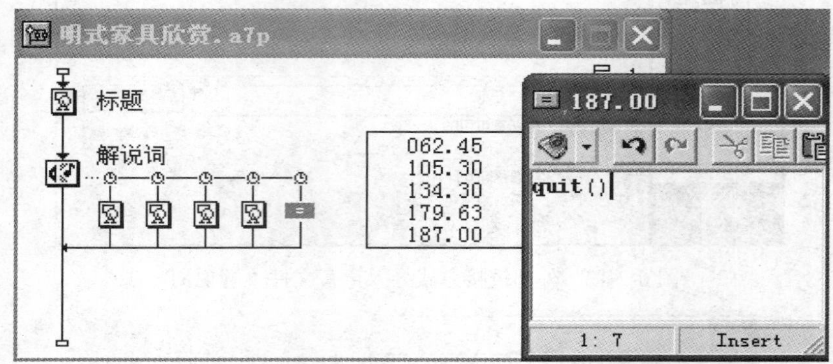

图 6-2-16　建立退出子图标

(10) 运行程序，仔细观察声音与画面的同步配合，如果有不同步现象，通过修改相应子图标名，改变同步时间，并重新运行测试，将测试好的程序保存。

项目 6.3　Authorware 7.02 设置动画

项目训练目标

掌握应用 Authorware 的移动图标设计多种动态的演示效果。

拓展训练项目

一、指向固定区域的某点：例题“抛圈游戏”

练习创建指向固定区域内的某点动画的制作方法，并结合例题程序的需要，进一步熟悉使用变量和函数的方法，如图 6-3-1 所示。

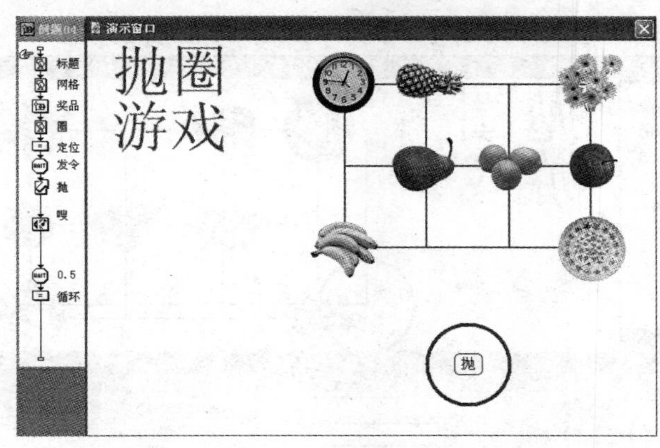

图 6-3-1　抛圈游戏

素材路径："光盘\学习单元 6\项目 6.3\抛圈游戏"。操作步骤如下：

(1) 将光盘项目 6.3 中的文件夹"抛圈游戏"复制到硬盘上自己的文件夹中，该文件夹中包含了本例的全部素材。

(2) 打开 Authorware7.02 并新建一个文件，在文件属性面板中设置演示窗口：大小为 640×480，白色背景，取消菜单栏，保留标题栏。

(3) 创建标题，如图 6-3-1 所示。建立显示图标"标题"，输入文字"抛圈游戏"，并布置好位置。

(4) 建立显示图标"网格"，双击打开它，使用矩形工具和直线工具画出如图 6-3-2 所示的网格，设置好线的粗细和颜色，调整好网格位置。

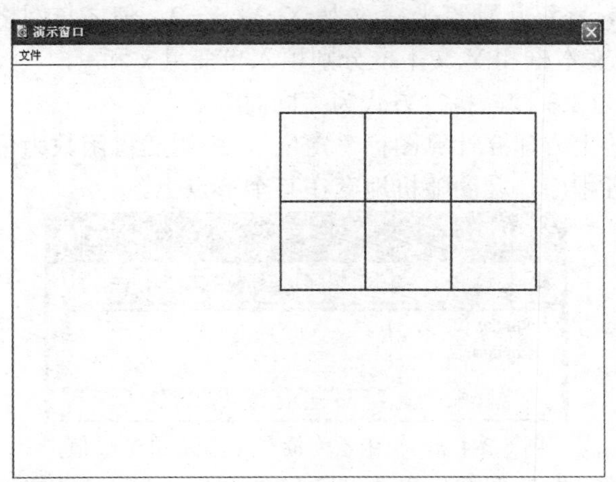

图 6-3-2　画出网格

(5) 导入奖品。建立群组图标"奖品"，并将其打开，从素材文件夹中导入 8 个图像文件，并生成 8 个显示图标。运行程序，使网格的奖品都显示出来，拖动奖品图像，将其随意地摆放在网格的节点上，如图 6-3-1 所示。

(6) 创建套圈。建立显示图标"圈"，打开它，并在其中画一个圆，设置好它的颜色、线型和透明显示模式。运行程序，使网格的圈都显示出来，参考图 6-3-1 所示，调整好圈的位置。

(7) 创建套圈动画。建立移动图标“抛”，如图 6-3-3 所示。

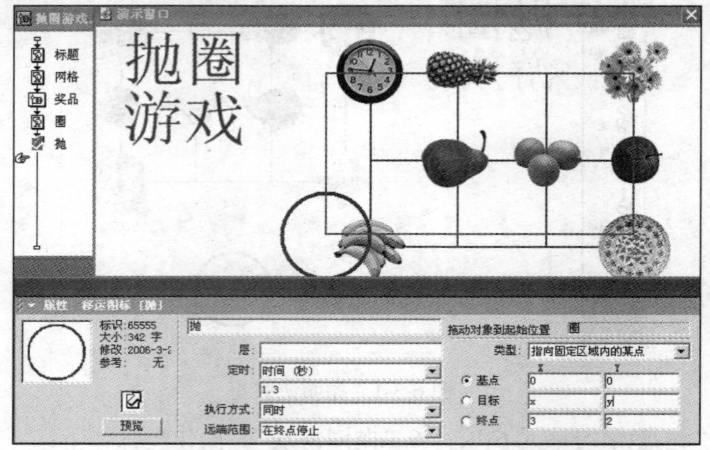

图 6-3-3　创建指向固定区域内的某点套圈动画

显示，在“类型”下拉列表框中选择“指向固定区域内的某点”动画类型，在“预览”演示窗口选中圈作为移动对象。

在动画图标属性面板选中“基点”，可以看到对移动对象所设区域的起点始顶点，将套圈拖放到网格左下角。

选择“终点”，以便设置区域的顶点和终点。将圈套拖放到网格右上角，作为所设对象移动区域的终点。重新选中“基点”项或“终点”项，拖动圆圈调整区域的边线，使之与网格的边线重合。

选中“终点”项，将终止顶点坐标改为 X=3，Y=2，使之与网格的格数相对应，选中“目标”选项，在 X 文本框和 Y 文本框分别填入自变量 x 和 y。

将动画时间设置为 1.3 秒，执行方式为“同时”。

(8) 在动画图标的上方建立计算图标“定位”，引用随机函数为位置变量 X 和 Y 赋值，如图 6-3-4 所示。运行程序，套圈随机地套在某个节点上。

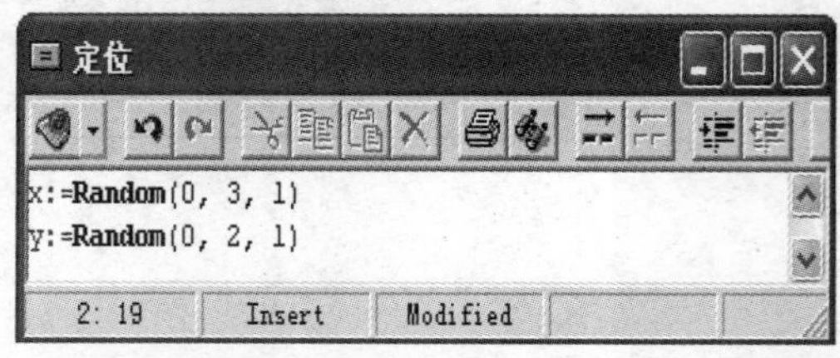

图 6-3-4　随机函数为位置变量 X 和 Y 赋值

(9) 创建发令按钮。在动画图标上方建立等待图标“发令”，其作用是让用户单击等待按钮后，再抛出套圈，等待图标的属性设置如图 6-3-5 所示。

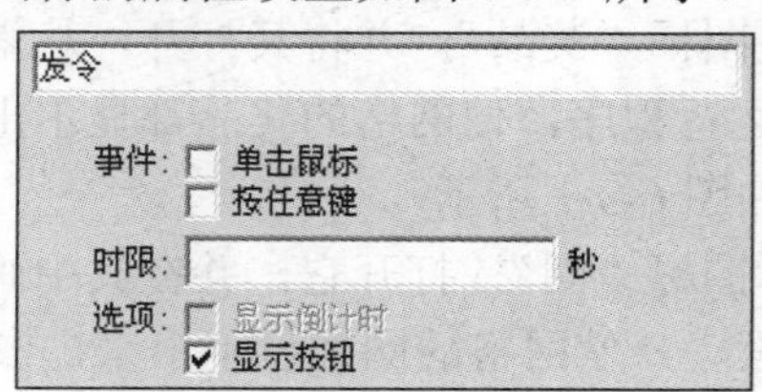

图 6-3-5　等待图标的属性设置

要改变等待按钮的样式和位置，打开文件属性面板，选择“交互作用”选项卡，在“标签”文本框中将文字改为“抛”，单击“等待按钮”框中的按钮，选择“Macintosh 风格”按钮，如图 6-3-6 所示。关闭系统“按钮”对话框(注意是“关闭”，不能按“确定”)，在演示窗口中调整等待按钮的宽度的位置(置于套圈中央)。

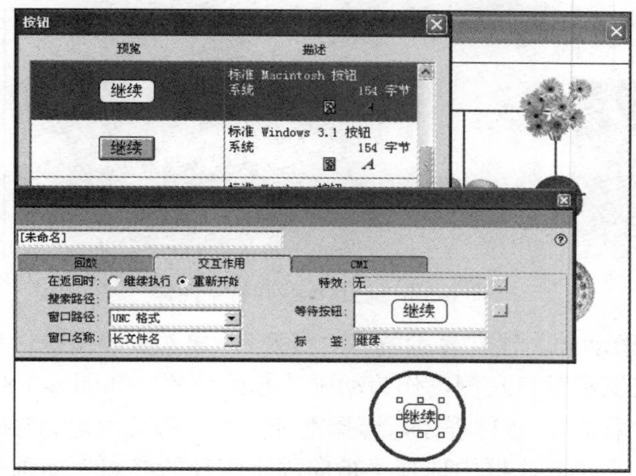

图 6-3-6　选择 Macintosh 风格按钮并调整等待按钮的宽度的位置

(10) 在动画图标下方建立声音图标“嗖”，导入声音文件“Sound”，作为抛圈的音效。

(11) 在声音图标下方建立等待图标，设置等待时间为 0.5 秒，这是套中奖品后的等待时间。

(12) 在程序末端使用计算图标和“GoTo”函数设置循环，使一个抛圈动作完成后，重新转向显示图标“圈”，进行下一次抛圈，如图 6-3-7 所示。

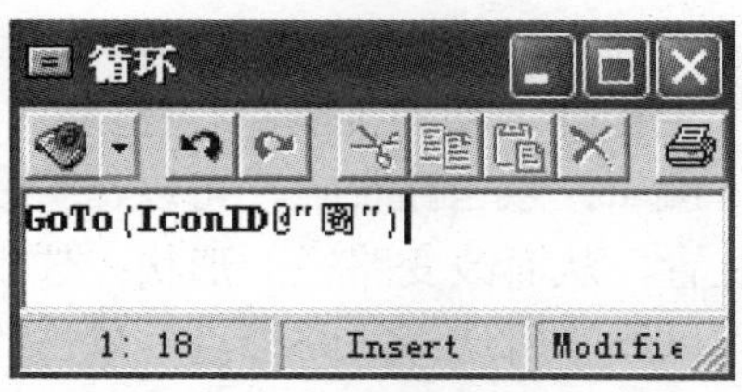

图 6-3-7　设置循环

(13) 运行程序，符合要求后，保存文件“抛圈游戏”。

二、指向固定路径的终点的运动方式应用实例：蜜蜂采蜜飞行模拟

本实例制作方法及操作步骤如下：

(1) 将光盘中的“学习单元 6\项目 6.3\蜜蜂采蜜飞行模拟”目录下的文件夹复制到硬盘上自己的文件夹中，该文件夹中包含了本例的全部素材。

(2) 打开 Authorware7.02 并新建一个文件，在文件属性面板中设置演示窗口：大小为 640×480，白色背景，取消菜单栏，保留标题栏。

(3) 创建标题和背景图像。建立显示图标“标题”，在其中创建文字“采蜜”，设置透明显示的方式，如图 6-3-8 所示。建立显示图标“背景”，导入小花图像，向右下方调整其位置，为该图像设置一个出场过渡效果。

图 6-3-8　创建标题和背景图像

(4) 创建蜜蜂采蜜动画。建立显示图标“蜜蜂”，导入蜜蜂图像，设置显示方式为阿尔法方式，将其摆放在演示窗口左侧，作为动画的起始位置，如图 6-3-8 所示。

建立移动图标“采蜜”，运行程序，选择蜜蜂图像，将其确定为移动对象。在移动图标属性面板的“类型”下拉列表框中选择“指向固定路径的终点”动画类型，并将动画时间设置为 1.8 秒，如图 6-3-9 所示。

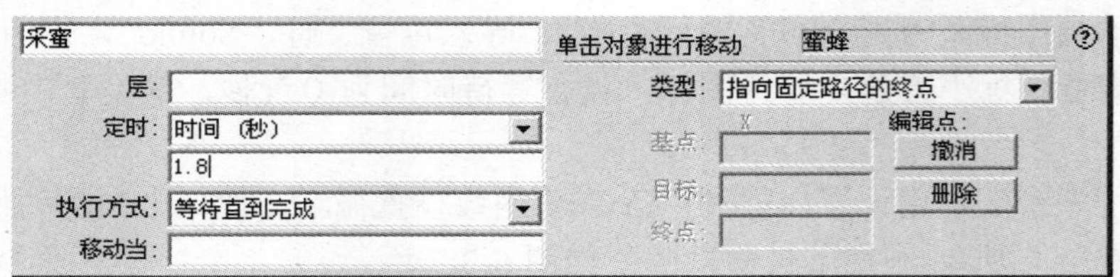

图 6-3-9　移动图标属性面板

在演示窗口拖动蜜蜂，产生蜜蜂运动的折线路径(拖动时，在弯折处鼠标稍停)，如图 6-3-10 所示。路径还可作如下编辑：双击路径点，可以在折线点和曲线点之间转换；拖曳路径点，可以改变路径点的位置，从而改变路径的形状；选中路径点后，单击移动图标属性面板中的“删除”按钮，可以删除所选择的路径点，单击“撤消”按钮，可以撤消上一次所做的操作。

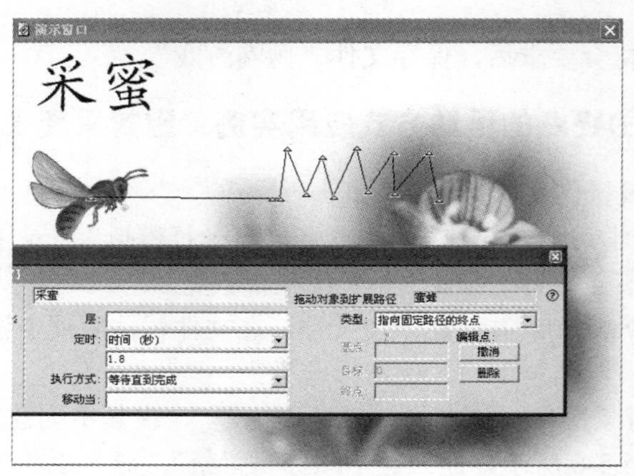

图 6-3-10　蜜蜂运动的折线路径

(5) 运行程序，可见蜜蜂从左面飞来，在空中悬停片刻后，落在小花上。

(6) 在采蜜动画图标后加一个等待图标，强行停留 2 秒钟。

(7) 创建蜜蜂飞去的动画。在等待图标后建立“飞去”移动图标，类型也是“指向固定路径的终点”。编辑如图 6-3-11 所示的折线路径，让蜜蜂飞出画面，将动画时间设置为 1 秒。运行程序，观察蜜蜂飞去的动画效果。

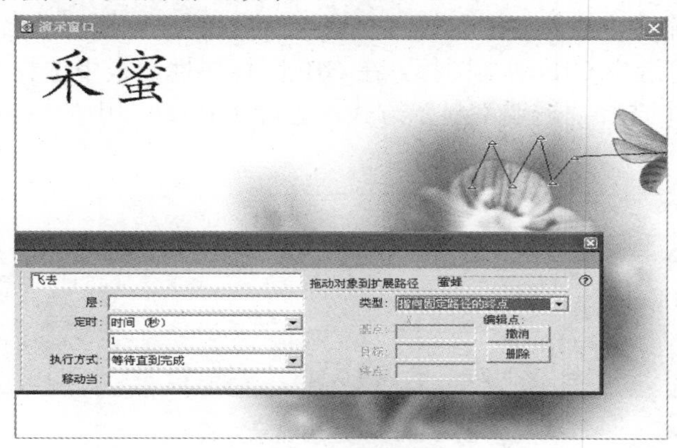

图 6-3-11　飞去折线路径

(8) 在“背景”图标前加一个声音图标“虫鸣”，导入虫鸣音效，设置“同时发生”属性。在“飞去”图标后建立擦除图标“擦花”，擦除小花图像，并设置退场过渡效果。

(9) 在程序最后建立计算图标“退出”，引用退出函数 quit()，退出程序运行。运行程序在虫鸣声的伴随下，小花浮现，蜜蜂飞来，停留片刻，离开花朵，飞出画面，虫鸣渐隐，画面渐收，运行结束。

三、指向固定路径的任意点应用实例：蜜蜂寻找花蜜飞行模拟

本例素材路径：例题 6-3-5，程序和运行结果如图 6-3-12 所示。

图 6-3-12　程序和运行结果

本实例制作方法及操作步骤如下：

(1) 将光盘例题文件夹中的子文件夹“蜜蜂”，复制到硬盘上自己的例题文件夹中。进入 Authorware7.02，设置演示窗口：大小 600 × 398，白色背景，取消菜单栏，保留标题栏。

(2) 创建背景图像和标题，如图 6-3-12 所示。建立显示图标“花丛”，导入“花丛”图像，保持其导入位置。建立显示图标“标题”，在其中创建文字“寻觅”，设置透明显示方式。

(3) 建立声音图标“飞舞”，引入声音素材“蜂鸣”，设置“同时进行”属性。

(4) 导入 GIF 动画“蜜蜂”。将粘贴手指向声音图标下方移动，执行“插入”|“媒体”|“Animated GIF”命令，导入 GIF 动画“蜜蜂”，将 GIF 动画图标的名称改为“蜜蜂”。

(5) 在演示窗口选中 GIF 动画图标，在 GIF 图标属性面板中选择“显示”选项卡，在“模式”下拉表框中选择“透明”显示方式，去除 GIF 动画中的白色背景，如图 6-3-13 所示。

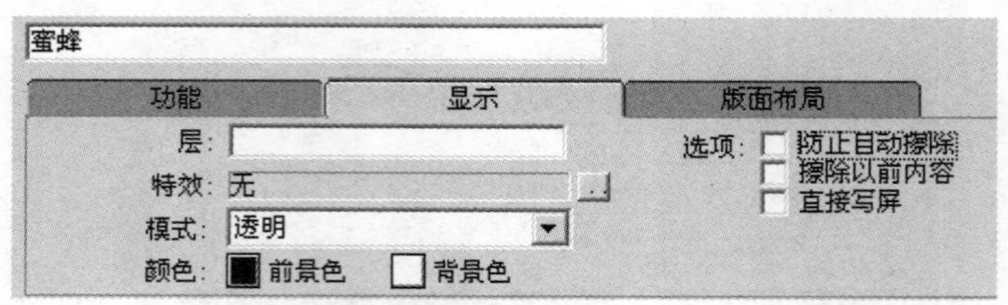

图 6-3-13　透明显示方式

(6) 创建蜜蜂动画。将蜜蜂摆放在左面第一朵花上，作为动画的起始位置，建立动画图标“寻觅”，运行程序，选中蜜蜂图像，将其确定为移动对象。在动画图标属性面板的“类型”下拉列表框中选择“指向固定路径的任意点”动画类型，如图 6-3-14 所示。

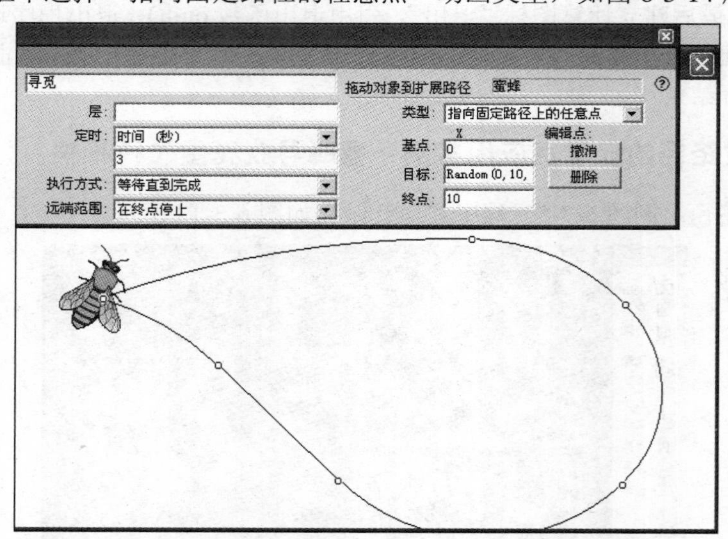

图 6-3-14　建立路径移动动画

连续拖动蜜蜂，依次经过盛开的花朵，生成若干路径点，拖动路径终点使之与起点重合，形成封闭折线，双击所有的路径点，将封闭折线变成封闭曲线。

保持“基点”坐标为 0，改变“终点”坐标为 10。为了使蜜蜂在路径上的任意点定位，在“目标”文本框中给出随机函数 Random(0, 10, 1)，将动画时间设置为 3 秒。

(7) 在动画图标下方建立等待图标“停留”，设置单击鼠标和按任意键解除。在程序最后用计算图标设置转向动画图标的循环，返回至动画图标“寻觅”。如图 6-3-15 所示。

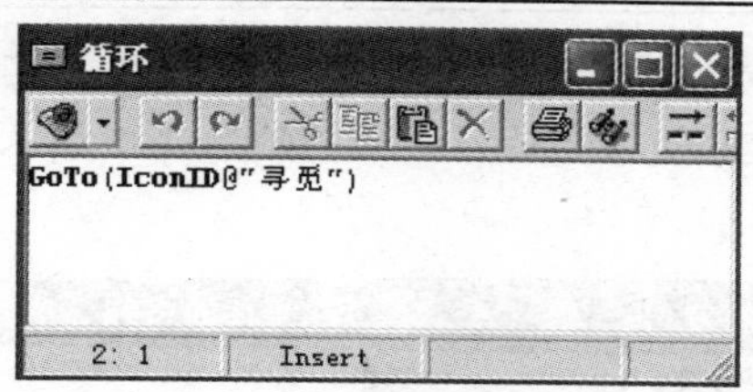

图 6-3-15　设置转向动画图标的循环

(8) 运行程序，蜜蜂先从路径起点移动到一个任意点，并在那里原地旋转，单击鼠标或敲击键盘后，它又从当前点移到另一个任意点，蜜蜂从当前点(而不是起点)移动的原因，是因为转向函数是转向动画图标(而不是“蜜蜂”图标)。

(9) 将当前程序保存，文件名为“寻觅”。

项目 6.4　Authorware 交互功能设计

项目训练目标

掌握应用 Authorware 设计各种交互和智能应用效果。

拓展训练项目

一、交互图标综合应用实例：媒体的发展

1. 创建默认按钮的操作

本例借助“项目 6.2”中的程序“媒体的发展-1”。读者练习时可将此文件夹复制到自己的计算机硬盘中以便操作。本例操作步骤如下：

(1) 打开“媒体的发展-1”。打开显示图标“标题”，将其中的文字“例题 6-3-3”改为“例题 6-6-2”。

(2) 在图标“标题”下面插入一个 GIF 动画“EMAIL”，在其“属性”选项中选中“Direct to Screen”复选框，运行程序，调整好它的位置，如图 6-4-1 所示。

图 6-4-1　调整动画在演示窗口中的位置

(3) 将一个图片显示图标和一个等待图标执行“修改”|“群组”命令，共产生 8 个群组图标，依次命名为“甲骨文”、“竹简”、“纸字画”、“摄影”、“录音”、“电影”、“电视”、“电脑网络”，如图 6-4-2 所示。

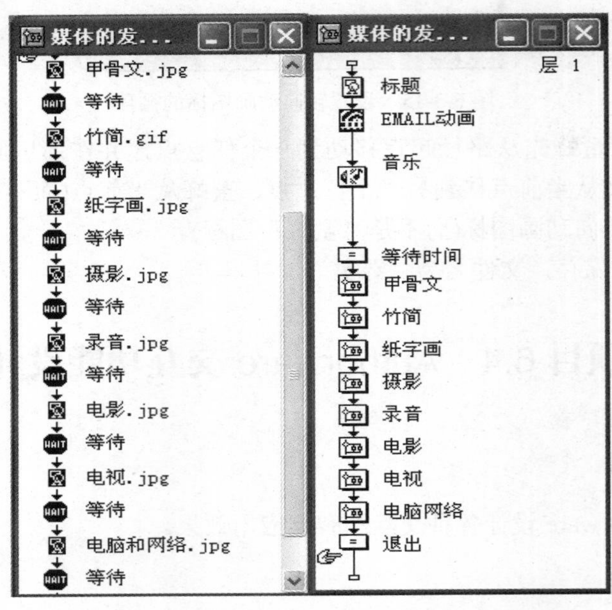

图 6-4-2　取消群组和重新群组

(4) 打开计算图标“等待时间”，将其变量 dd 的值改为 0；将计算图标“循环”的名称改为“退出”，并修改其中的跳转函数为退出函数 quit()，如图 6-4-2 右图所示。

(5) 创建按钮交互。在计算图标“等待时间”下方放置一个交互图标，命名为“按钮交互”。将甲骨文群组图标拖放到交互图标右侧建立第一个分支，随之弹出“交互类型”对话框，如图 6-4-3 所示，选择按钮类型，按“确定”关闭对话框。双击 EMAIL 动画图标，再按住 Shift 键双击交互图标，调整“甲骨文”按钮到动画的下方。

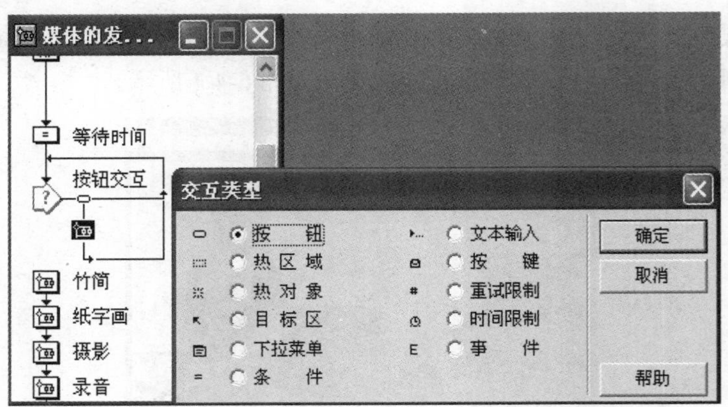

图 6-4-3　甲骨文群组图标拖放到交互图标右侧建立第一个分支

(6) 将其他 7 个群组图标和最后的计算图标依次拖放到当前分支的右侧，建立新的分支，共包含 9 个按钮响应分支，如图 6-4-4 所示。

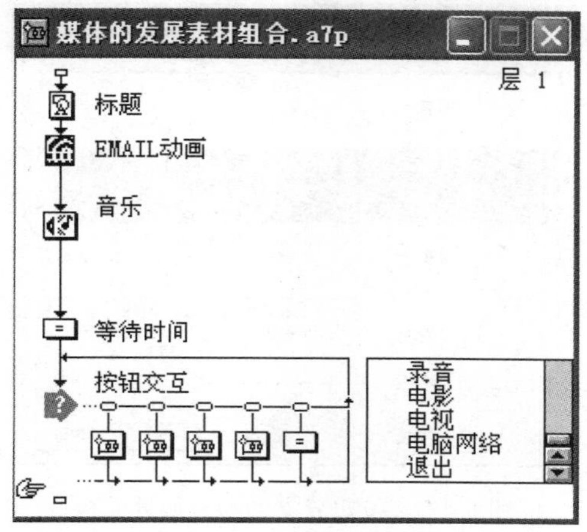

图 6-4-4　9 个按钮响应分支

(7) 运行程序，测试每一个按钮的功能，如图 6-4-5 所示，将程序另存为“媒体的发展按钮响应”。

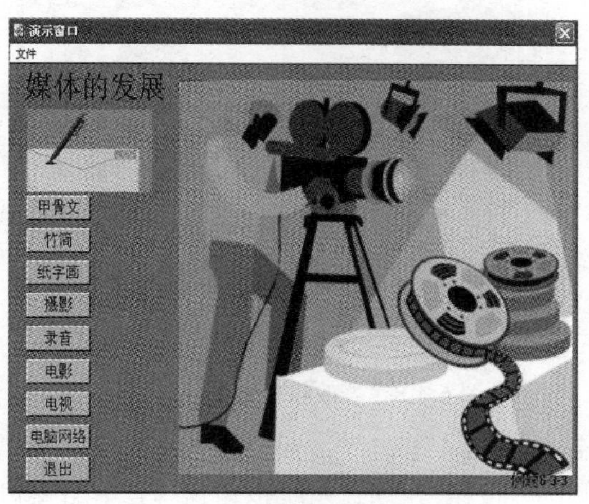

图 6-4-5　运行结果

(8) 按钮响应的属性设置。选中按钮响应分支中的按钮响应符号，窗口下方出现按钮响应属性面板，如图 6-4-6 所示，可依次设置其大小、位置、快捷键和鼠标指针等。

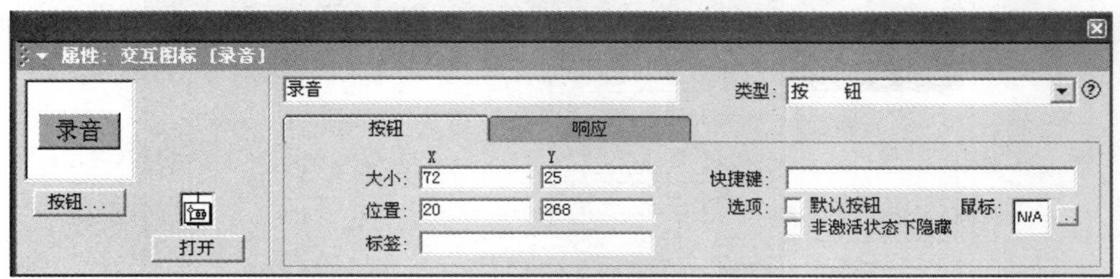

图 6-4-6　按钮响应属性面板

(9) 修改按钮响应。单击选中一个分支，单击左侧的“按钮”，打开“按钮”选项卡，如图 6-4-7 所示。选中“标准 Windows”复选框系统按钮，作为当前按钮的样式。

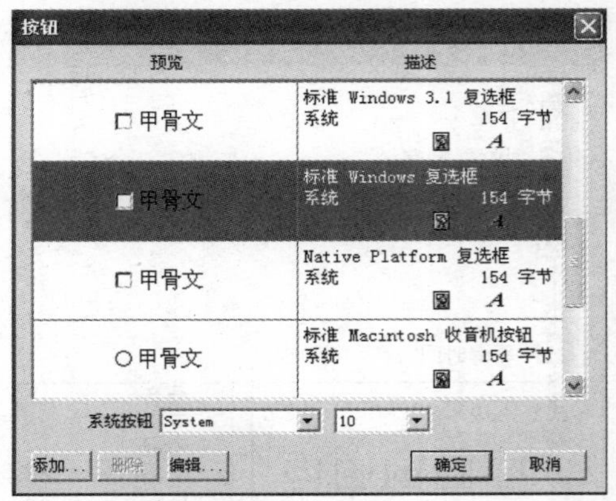

图 6-4-7　按扭分支的响应属性面板

(10) 运行程序，不用按钮，使用快捷键“A～H”或“a～h”，即可进入相应的画面。测试每一个按钮的手形光标，按下鼠标左键后，按钮前方添加一个√号，如图 6-4-8 所示。

图 6-4-8　修改按钮后的运行结果

(11) 创建自定义按钮。单击“退出”按钮分支响应符号，窗口下方显示按钮分支响应属性面板。单击其中左侧的“按钮”，打开系统按钮窗口，单击窗口左下角的“添加”按钮，即可打开按钮编辑器，如图 6-4-9 所示。当鼠标“未按”、“按下”或“在上”状态下可分别设置按钮不同的图形、标签文字和声音。

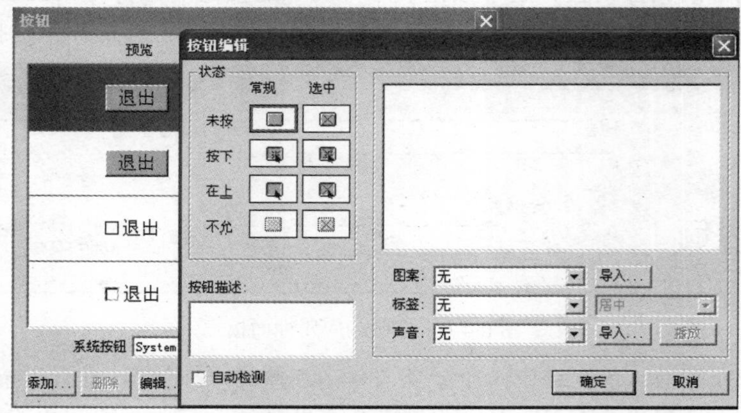

图 6-4-9　按钮编辑器

(12) 运行程序，观看效果。将文件另存为“媒体的发展修改按钮响应”。

2．热区响应型交互

热区就是一个可以激发响应的矩形区域。热区内可以放入任意的图像或文字内容，程序运行时起到提示作用。热区的功能与按钮相似，但具有更加灵活、生动的外观形式，是继按钮之后又一种被用户喜爱的操作方式。创建图像热区的操作步骤如下：

(1) 打开刚才做好的按钮交互程序，将每个分支的交互类型改为热区。

(2) 导入缩略图。用批量引入的方法，将文件夹“例题6-4-2\缩略图”中的8个热区图像依次导入交互图标，并在演示窗口中布置它们的位置，如图6-4-10所示。

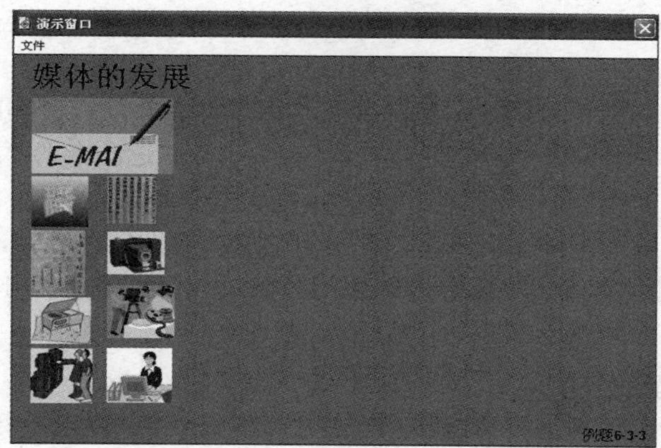

图6-4-10　导入热区图像

(3) 双击打开交互图标，在演示窗口中出现定义热区大小和位置的线框，如图6-4-11所示。拖曳调整热区线框的大小和位置，使之与甲骨文的缩略图像重合。

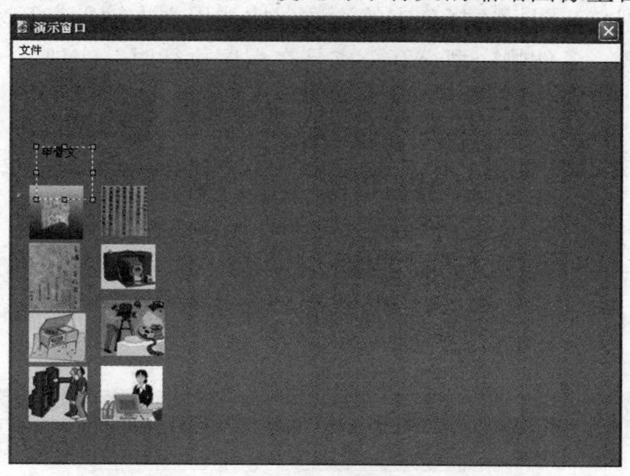

图6-4-11　拖曳调整热区线框的大小和位置

(4) 双击新建分支的热区响应符号，打开“热区响应属性”面板，在热区域选项卡的匹配下拉列表框中保持默认选项“单击”，使热区通过单击鼠标而发生响应。选中“匹配时加亮”复选框，使得单击热区时，热区图像呈高亮显示。在“鼠标”选项中选择手形光标样式(单击右侧方形按钮，打开光标样式窗口进行选择)，如图6-4-12所示。

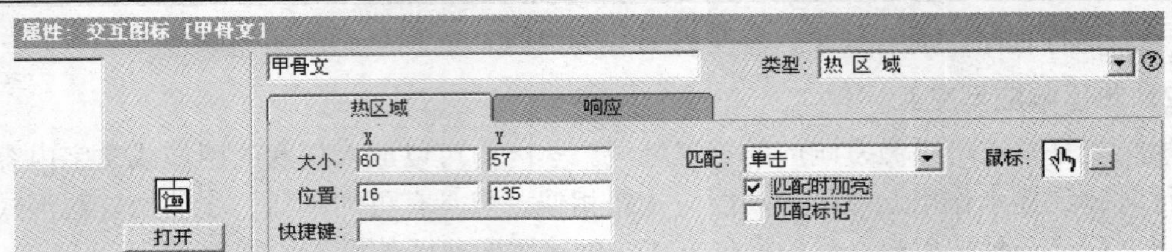

图 6-4-12　设置热区响应属性面板

(5) 设置其他 7 个分支和“退出”按钮的属性，包括单击响应、高亮显示、手形光标和热区的大小，并打开交互图标调整相应热区的位置和大小。

(6) 运行程序，确认无误后，将程序另存为“媒体的发展热区响应”。

(7) 体验“指针处于指定区域内”的设计效果，操作步骤如下：

双击第一个分支响应符号，显示热区分支响应属性面板，在“热区域”选项卡的“匹配”下拉列表中选择“指针处于指定区域内”；在“响应”选项卡的“擦除”下拉列表中选择“在下一次输入之前”。同样在其他 7 个图像分支中作如上的设置。

运行程序，可以看到，只要将鼠标指针处于相应缩略图的区域中，对应的分支内容(大图)就会显示出来；鼠标指针一旦离开缩略图的区域中，相应的分支内容也将消失。将程序另存为“媒体的发展热区响应 B”。

3. 其他交互类型的应用

将上述程序依次修改为热对象响应型交互、文本输入响应交互、菜单响应类型交互和目标区响应型交互，操作方法和属性设置十分相似。

限时响应型交互、限次交互和条件响应型交互是三种特殊的交互类型，必须与其他交互类型结合起来使用。限时响应型交互可以限制交互图标完成所有交互分支所需的时间。限次交互分支是限制交互图标选择分支的次数，比如用文本输入交互来输入密码，可以设置其输入的有效次数。条件响应型交互分支是在程序执行时，实现某一个条件后才会执行的交互分支。

二、按键交互“移动棋子”

1. 按键响应型交互

按键响应型交互是用户通过操作键盘而实现的主动交互，类似文本输入交互，按键响应型交互是通过按键盘上的一个键来实现的，不分字母大小写。按钮响应型交互属性设置面板如图 6-4-13 所示。

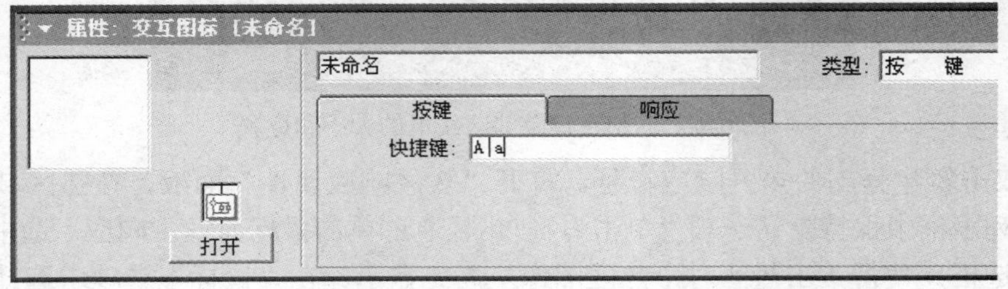

图 6-4-13　按键响应型交互属性设置面板

使用键盘上的特殊键，需给出键的标准名称。可以使用的键有以下几种：

功能键：F2～F12。

翻页键：PageUp、PageDown。

方向键：UpArrow、DownArrow、LeftArrow、RightArrow。

其他键：Break、Enter、Esc、Home、Pause、Tab。

使用这些特殊键时，字母大小写等效。

2．按键响应型交互应用举例

制作实例：按光标键移动棋子。

本例演示程序路径："光盘\学习单元 6\项目 6.4\例题 6-6-3\按键响应-光标移动"。

运行程序时按键盘上的上、下、左、右光标键，在画好的棋格上移动棋子。程序流程如图 6-4-14 所示。

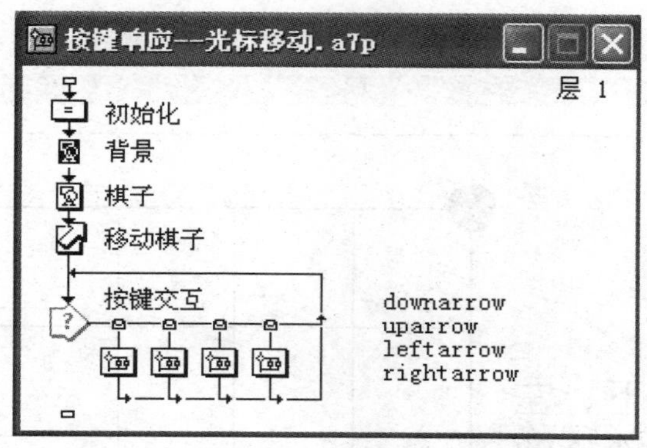

图 6-4-14　程序流程

制作过程如下：

(1) 打开 Authorware7.02 并新建文件，修改文件属性，设置演示窗口：大小设为 640×480，白色背景。在流程线上放一个计算图标，名为"初始化"，并在计算图标中输入变量"X: = 0，Y: = 0"，如图 6-4-15 所示。

图 6-4-15　在计算图标中输入变量

(2) 用显示图标建立"背景文字和方格"，如图 6-4-16 所示。

(3) 用显示图标建立"棋子"，在演示窗口左上方画一个填充颜色的小圆圈表示。

(4) 在流程线上放一个移动图标，名为"移动棋子"，移动图标属性设置如下：选中棋子为移动对象，移动类型为"指向固定区域内的某点"，设置移动区域范围与方格外围重合，移动基点坐标为(1，1)，目标点坐标为(x，y)，终点坐标为(5，5)，执行方式为"永久"，移动时间为 1 秒，如图 6-4-17 所示。

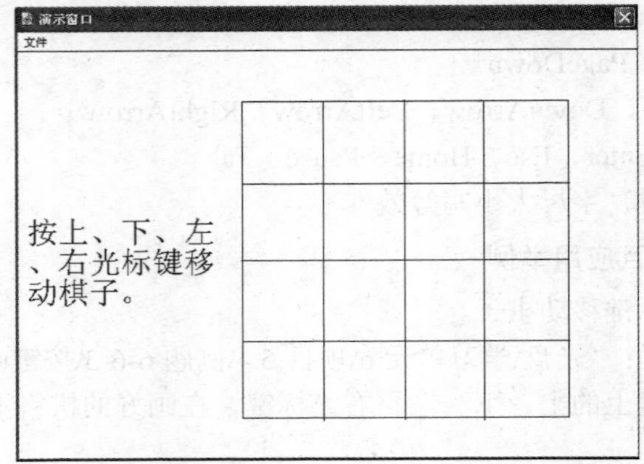

图 6-4-16　建立背景文字和方格

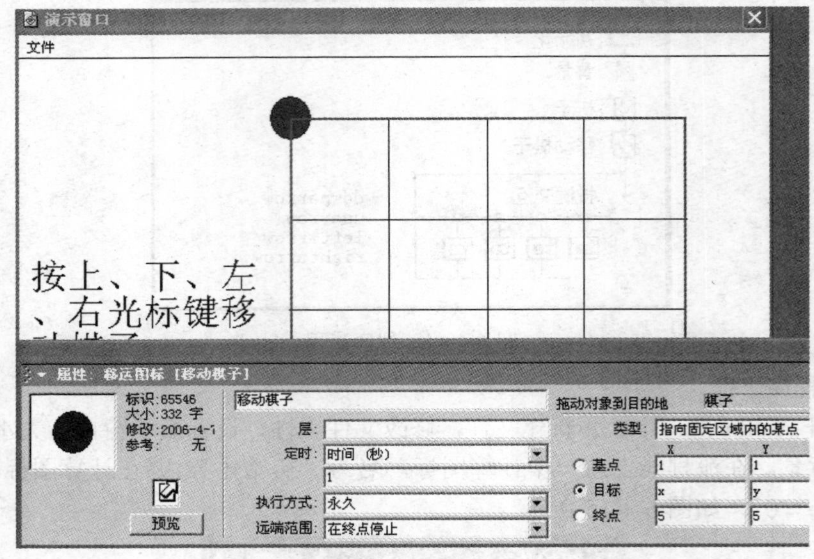

图 6-4-17　移动图标属性设置

(5) 在设计窗口中放置一个交互图标并命名为“按键交互”，依次拖放四个群组图标到交互图标的右侧，随即出现交互类型对话框中选择“按键”，名称分别为“downarrow、uparrow、leftarrow、rightarrow”，如图 6-4-14 所示。

(6) 在四个按键响应图标中各放一个计算图标，并输入如下表达式：

[downarrow]：if y<5 then y:=y+1

[uparrow]：if y>1 then y:=y-1

[leftarrow]：if x>1 then x:=x-1

[rightarrow]：if x<5 then x:=x+1

其中第一行的含义是：当按下一次向下光标键时，如果棋子 y 坐标还小于 5，那么就增加 1，其他三行意义类似，如图 6-4-18 所示。运行程序，测试按键移动棋子，确定后保存文件。

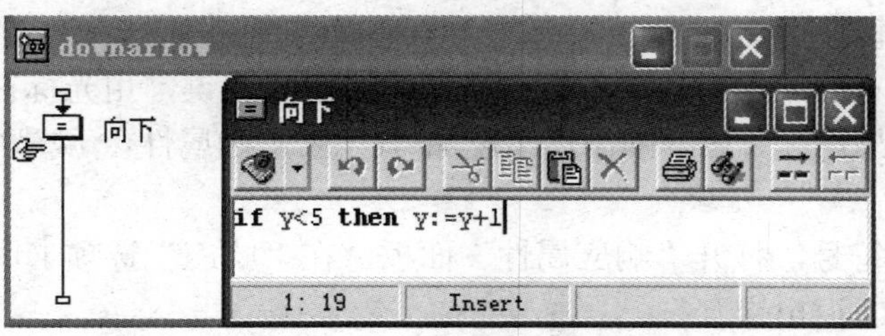

图 6-4-18　[downarrow]：if y<5 then y:=y+1

三、分支图标应用——“小儿看图识字”程序的制作

本例题程序保存路径在光盘的“学习单元 6\项目 6.4\例题 6-7\分支图标举例--小儿识图”。操作步骤如下：

(1) 进入 Authorware7.02，打开文件属性面板，如图 6-4-19 所示，将演示窗口背景设置为浅黄色，大小为 512×342，取消菜单栏，保留标题栏。

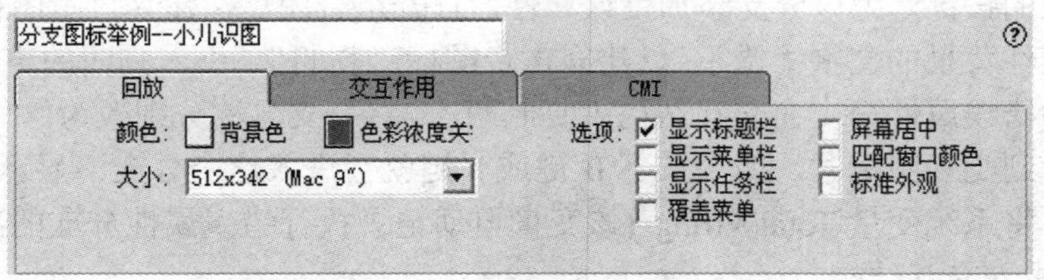

图 6-4-19　文件属性面板

(2) 创建画面中的文字。建立显示图标“标题”，在其中创建标题文字，建立显示图标“答案”，在其中创建答案文字和提示文字，如图 6-4-20 所示。

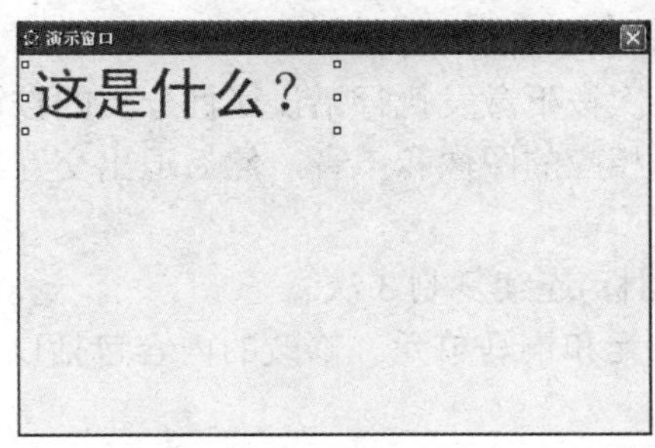

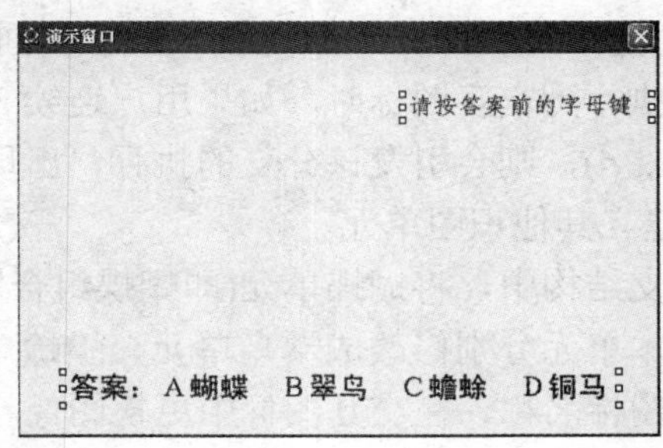

图 6-4-20　标题和答案文字

(3) 创建分支结构。建立分支图标，取名为“这是什么？”。用组合图标建立 4 个分支，分别命名为“蝴蝶”、“翠鸟”、“蟾蜍”、“铜马”。打开分支图标属性对话框，将执行次数设置为“所有的路径”选项，将执行方式设置为“在未执行过的分支中随机选择”，使得执行该分支结构时，可以随机地进入未执行过的分支。

(4) 建立蝴蝶识图单元。打开分支结构中的蝴蝶群组图标，建立交互图标，命名为“蝴蝶交互”，即可在该交互图标中引入蝴蝶图像。

① 建立正确属性分支。

用群组图标建立一个按键响应型分支，命名为“A/a”，将大写字母 A 或小写字母 a 定义为激发响应的按键。

为该分支添加正确属性。最简单的方法是，按住 Ctrl 键，用光标在分支名称前单击，使之出现加号。如果连续单击，则循环出现加号(代表正确属性)、减号(代表错误属性)和无符号(代表不判断)。

双击按键响应符号，打开“响应属性”面板，在“响应”选项卡中，将该分支的执行方式“分支”改为“退出交互”。

打开组合图标，建立显示图标“对了”，创建具有椭圆形绿背景的文字“对了”。建立声音图标“鸟鸣”，引入鸟叫的声音。

程序执行到交互图标时，如果按下 A 键或 a 键就会进入这个分支，显示肯定文字，发出鸟叫声音，并将系统变量 TotalCorrect (该变量自动记录执行正确属性分支的次数)的值增加 1，然后退出交互结构。

② 建立错误属性分支。

用群组图标建立一个按键响应型分支，命名为“B/b”，将大写字母 B 或小写字母 b 定义为激发响应的按键。为该分支添加错误属性。打开组合图标，建立显示图标“错了”，创建具有椭圆形红背景的文字“错了”。建立声音图标“狗叫”，引入狗叫的声音。

将建立的错误属性分支在交互结构中复制两次，将分支名称分别改为“C/c”和“D/d”。

程序执行到交互图标时，如果按下 B 键或 b 键就会进入这个分支，显示否定文字，发出狗叫声音，将系统变量 TotalWrong (该变量自动记录执行错误属性分支的次数)的值增加 1，然后重新进入交互结构。

用群组图标建立一个限次响应型分支，命名为“限次”。双击限次响应符号，打开响应属性面板，将尝试次数“最大限限制”设置为 3 次。

打开群组图标，建立显示图标“过三”，创建具有椭圆形灰背景的文字“错不过三，看下个吧”。建立声音图标“泄气”，导入那个垂头丧气的声音。

程序执行到交互图标时，如果用户连续 3 次按下激发执行错误属性分支的按键(B、C、D 或 b、c、d)，则会引发该分支的执行，出现相应的图像和声音，然后退出交互结构。

(5) 建立其他识图单元。

在分支结构中，将蝴蝶单元(即蝴蝶组合图标)连续复制 3 次。

将副本单元分别修改成翠鸟单元、蟾蜍单元和铜马单元。修改的内容包括以下几个方面：修改图标名称、在交互图标中更换图像。

将交互分支的正确属性和错误属性修改成与特定单元相应属性(蝴蝶单元、翠鸟单元、蟾蜍单元和铜马单元的正确属性分支分别是第 1 分支、第 2 分支、第 3 分支和第 4 分支)。将改变了正确属性或错误属性的分支的内容，更换成相应的图像和声音内容。

(6) 建立成绩机制和循环机制。在程序运行时，系统会将执行了正确属性分支的次数记录在系统变量 TotalCorrect 中，将执行了错误属性分支的次数记录在系统变量 TotalWrong 中，为了将这两个记录在一轮游戏结束后显示出来，并在新一轮游戏开始时重新记录，在程序中做以下设计。

在分支结构之后，建立显示图标“成绩”，创建显示成绩的文字，并在其中引用上述两个系统变量，如图 6-4-21 所示。建立等待图标，设置 5 秒强行等待，使报出的成绩在画面上有一定的停留显示时间。建立计算图标“循环”。在其中将正确总数和错误总数两个变量的值都设置为0，使得进入新一轮游戏时，重新记录正确总数和错误总数。引用转向函数，将程序引向分支图标，进入新一轮游戏。

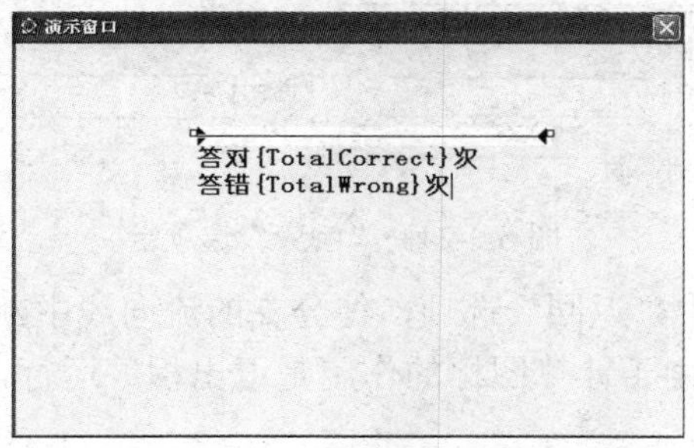

图 6-4-21　显示正确或错误响应次数

(7) 建立退出运行机制。为了在程序运行中随时都能退出运行，现建立退出运行的永久性交互。

在分支结构上方建立交互图标，命名为“退出”。使用计算图标建立按钮响应型分支，命名为“不玩了”。在计算图标中引用退出函数 quit()。

打开按钮响应属性面板，如图 6-4-22 所示，为按钮设“置高亮显示”、“手形光标”和“等效快捷键”。

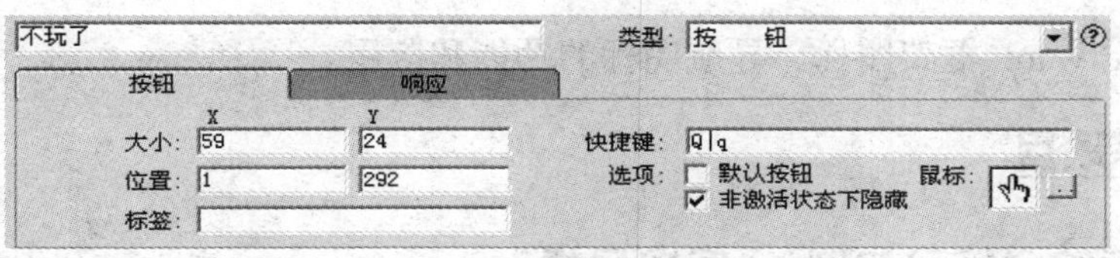

图 6-4-22　按钮响应属性面板

单击面板中的“按钮…”按钮，打开按钮窗口，如图 6-4-23 所示，为按钮选择样式，并定义标签文字的字体和大小。

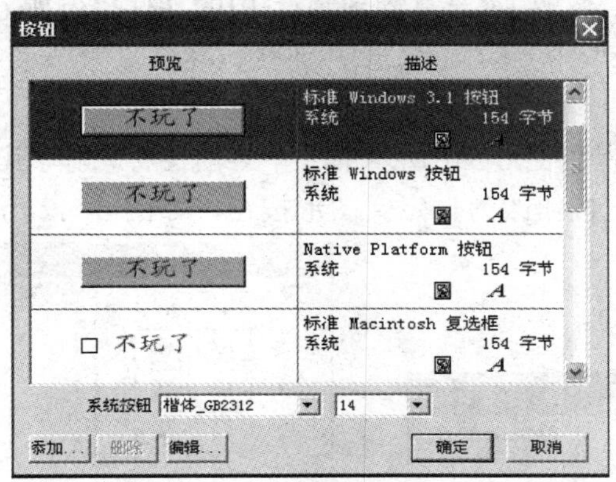

图 6-4-23　选择按钮样式

选中“响应”选项卡，如图 6-4-24 所示，选中“永久” 选项，将交互设置成为永久性交互。此时，在交互图标上会出现直穿而下的流向线，表示在等待交互响应的同时，程序已经继续向下执行(在非永久性交互中，等待交互响应的时候，是停留在交互结构中，只有执行了可以退出交互结构的分支，程序才能继续向下执行)。

图 6-4-24　“响应”选项卡

在“分支”选项中选中“返回”选项，使分支的流向线中断(既不返回交互图标，也不退出交互图标)。实际上，由于计算图标的作用是退出程序运行，这个图标之后流向线的去向，已经没有什么意义了。

(8) 运行并全面测试程序，使之达到前面所介绍的各种演示效果。将调试好的程序保存为“分支图标举例-小儿识图”。

项目 6.5　框架与导航的应用

项目训练目标

掌握 Authorware 框架图标、导航图标的功能和应用。

拓展训练项目

一、框架图标综合练习实例：“客家风情”

本例是将导航的按钮改变成自定义按钮，并设置阻止翻页“回绕”，完成例题 6-8-2。本例素材路径在光盘的“学习单元 6\项目 6.5\例题 6-8”。操作步骤如下：

(1) 打开“例题 6-8”文件夹(已复制到硬盘)中的文件“例题 6-8-1 客家风情”，打开显示图标“标题”，将文字“例题 6-8-1”改为“例题 6-8-2”。将文件另存为“例题 6-8-2 客家风情”。

(2) 双击打开图标，保留图 6-5-1 所示的 5 个导航图标，删除其他导航图标和灰色底板。再将当前保留的 5 个分支按钮改为自定义图形按钮，如图 6-5-2 所示，设置手形光标。

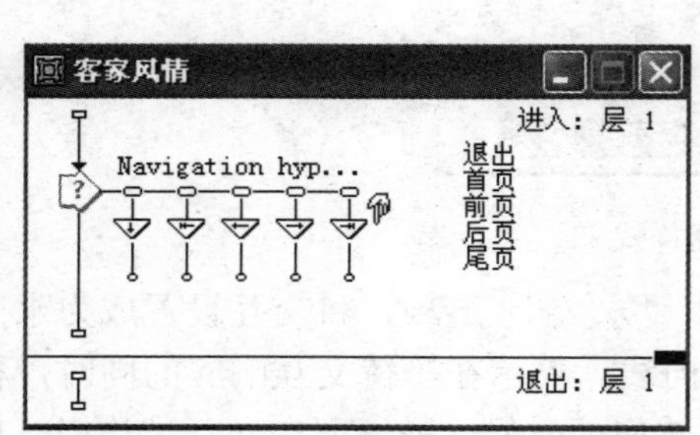

图 6-5-1　保留 5 个导航图标

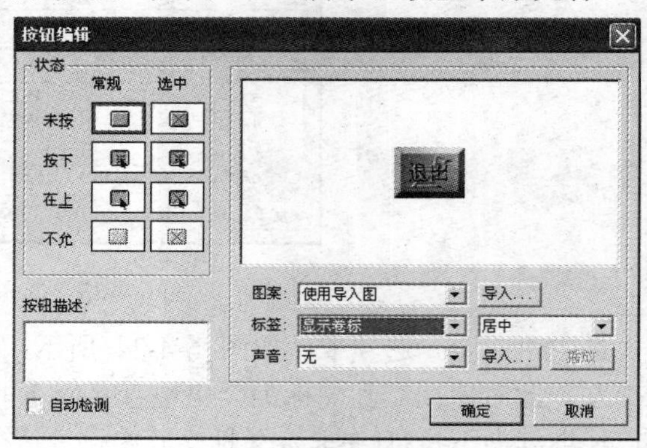

图 6-5-2　自定义按钮

(3) 再编辑状态布置按钮的位置，并将它们排列在演示窗口的下方，如图6-5-3所示。运行程序，对自定义按钮进行测试。

图6-5-3　布置按钮的位置，并将它们排列在演示窗口的下方

(4) 对“前页”和“后页”按铵设置阻止翻页“回绕”。当前页面为首页时，若按“前页”按钮将显示最后一页；当前页面为尾页时，若按“后页”按钮将显示第一页，这种现象叫“回绕”。这里将用到CurrentPagenum(当前页编号)和Pagecount(总页数)两个系统变量来设置阻止翻页“回绕”。

(5) 打开框图标，双击与“前页”相对应的交互响应符号，显示其属性设置面板，选择“响应”选项卡，并在激活条件栏中输入“CurrentPagenum<>1”，设置阻止向前翻页“回绕”，如图6-5-4所示。

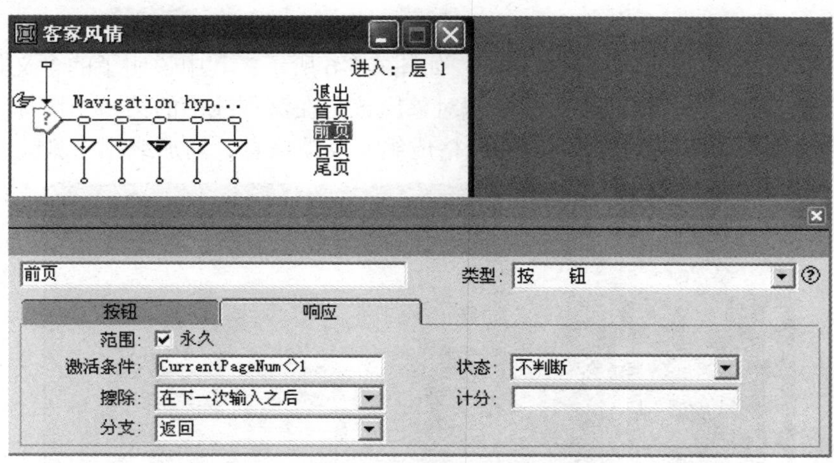

图6-5-4　设置阻止向前翻页“回绕”

选择与“后页”相对应的交互响应符号，显示其属性设置面板，选择“响应”选项卡，并在激活条件栏中输入“CurrentPagenum<>Pagecount”，设置阻止向后翻页“回绕”，如图6-5-5所示。

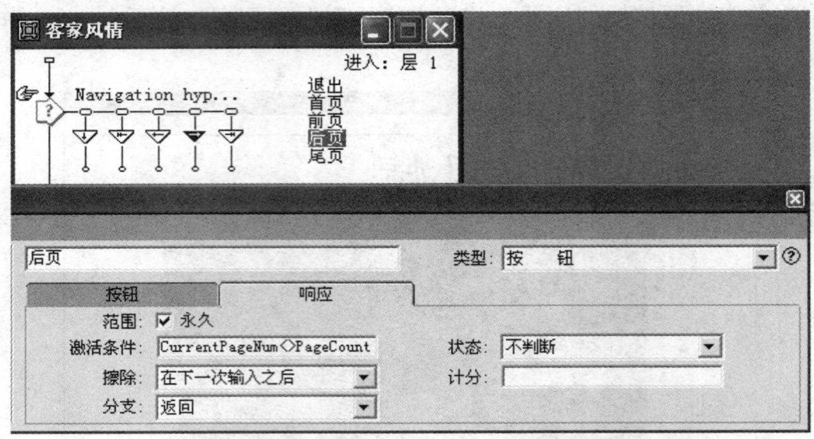

图 6-5-5　设置阻止向后翻页“回绕”

(6) 再次运行程序，选择首页后，前页按钮将不可用，鼠标光标不是手形；选择尾页后，后页按钮将不可用，鼠标光标不是手形。保存当前程序，文件名为“例题 6-8-2 客家风情”。

二、知识对象的应用举例：测验题知识对象 Quiz

本例演示程序路径在光盘的“学习单元 6\项目 6.5\例题 6-10\测验题”。这个示例是一个使用知识对象测验题建立的单选型测验题课件，用来测试奥运会举办城市的单选题。操作步骤如下：

(1) 进入 Authorware7.02，打开知识对象窗口，在“新建”类别中选择“测验题”知识对象。双击将它加入到程序流程线中。这时流程线窗口中出现两个图标：测验用知识对象和框架，同时启动知识对象使用向导。

(2) 出现“Introduction”信息对话框，如图 6-5-6 所示。其中说明了的含义是：该知识对象可用于创建测验类教学课件，该知识对象应该是在流程线上的第一个图标，在向导程序的引导下，可以设置各种选项，例如合格成绩、反馈信息、增加或删除测验题等。

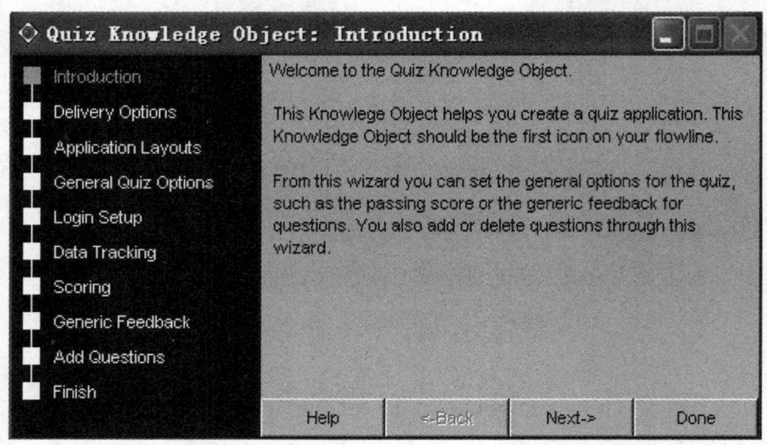

图 6-5-6　“Introduction”信息对话框

(3) 单击“Next”按钮，打开“Delivery Options”选项对话框，如图 6-5-7 所示，该对话框用于设置与产品交付有关的选项。

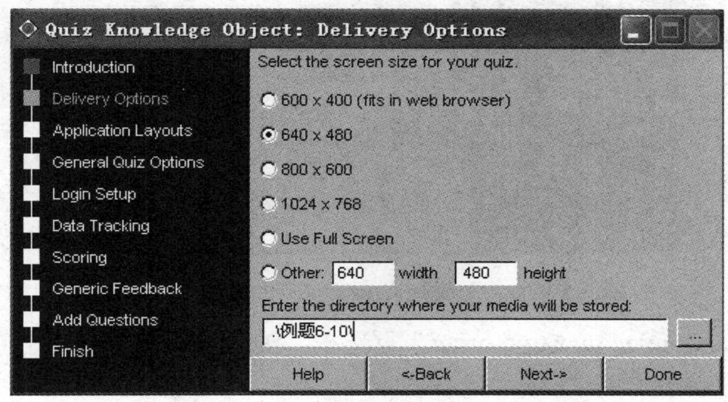

图 6-5-7　“Delivery Options”选项对话框

对话框中的单选按钮用于设置演示窗口的大小。该知识对象中已准备的五种界面的实际大小都是 640 × 480。因此，该对话框中默认选中的就是这种大小。

“Enter the directory where your media will be stored”文本框用于指定和显示课件中所要引用的媒体文件的存放目录，默认目录为当前 Authorware7.02 文件所在目录 。由于本示例的媒体文件都在该目录下的 media 文件夹中，这里可以设置相对目录“.\media\”。课件运行时，将会在当前 Authorware7.02 文件所在目录下的 media 文件夹中寻找媒体文件。

(4) 选择“Application Layouts”选项，打开界面样式对话框，如图 6-5-8 所示，该对话框用于选择界面的样式。本示例课件选择的是第一种界面。

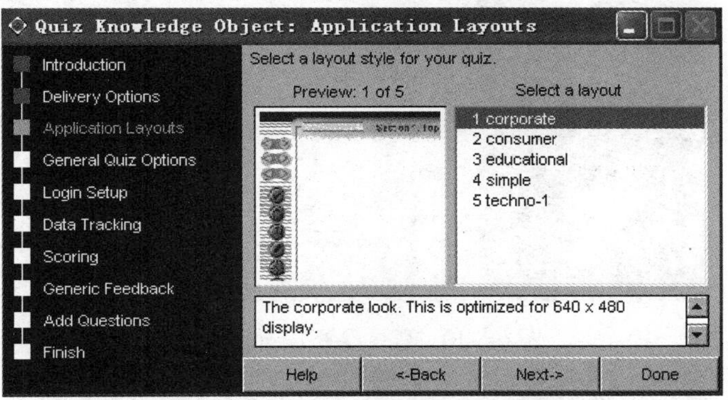

图 6-5-8　“Application Layouts”选项对话框

(5) 选择“General Quiz Options”选项，打开测验题选项对话框，如图 6-5-9 所示，该对话框用于设置与测验题直接相关的各种基本选项。

“Quiz title”文本框用于设置本知识对象的图标名，默认名称如图所示。

“Default number of tries”文本框用于设定默认尝试次数，设为 2，那么回答问题的机会就有两次。在每一个具体的测验题中，还可以设定针对本题的尝试次数。如果没有设定，则自动取为这里设置的默认尝试次数。

“Number of questions to ask”复选框，用于设置回答测验题的数目；默认为“All questions”是回答所有测验题。

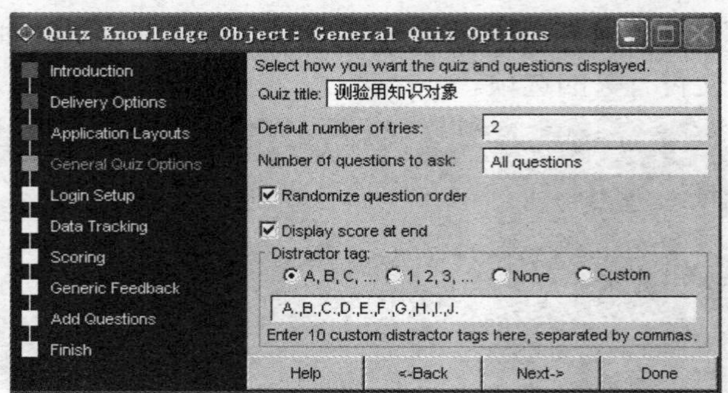

图 6-5-9　“General Quiz Options”选项对话框

如果选中“Randomize question order”复选框，测验题将按随机顺序出现；否则，将按测验题原有的前后顺序出现。

如果选中“Display score at end”复选框，在回答了所有测验题后，将显示成绩报告；否则，将不显示。

“Distractor tag”选项区域有 4 个单选按钮用于指定题目编号的方法，分别为：字母编号、数字编号、无编号和自定义编号。

(6) 选择接下来的两个选项，登录设置“Login Setup”和数据“Data Tracking”，如图 6-5-10 和图 6-5-11 所示，可以看到，这两个对话框都未做设置。这样，在运行课件时，将直接进入课件内容，不经过登录过程。

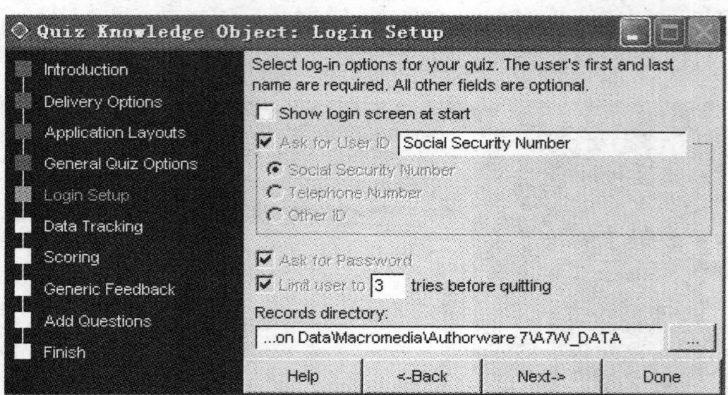

图 6-5-10　登录设置 Login Setup

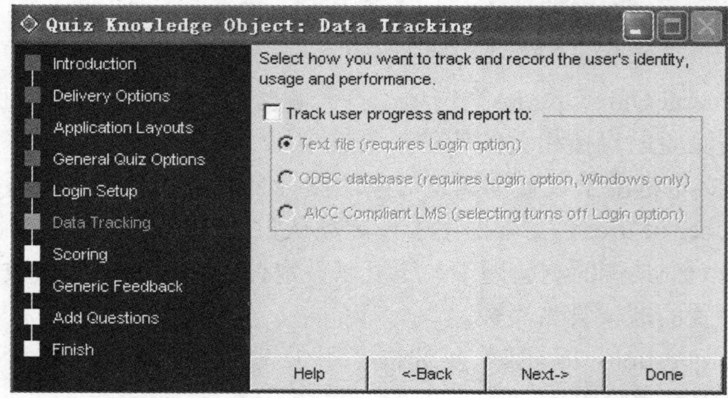

图 6-5-11　数据 Data Tracking

(7) 选择“Scoring”选项，打开成绩与判断对话框，如图 6-5-12 所示，该对话框中有以下几项设置。

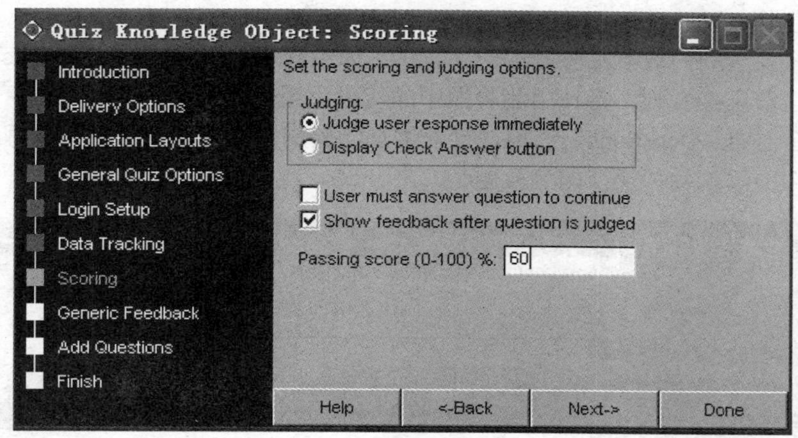

图 6-5-12　“成绩与判断”对话框

“Judging”选项区域的两个单选按钮用于设置对用户响应的反馈方式。

如果选中“Judge user response immediately”选项，则当用户做出了某种响应后(如选择了某个答案后)，立即给出反馈信息。

如果选中“Displaly Check Answer button”选项，则当用户做出响应后，将显示一个检查答案按钮，通过单击该按钮，再给出反馈信息。

如果选中“User must answer question to continue”复选框，则用户必须依次回答每一个测验题；否则，不能进入下一题。

如果选中“Show feedback after question is judged”复选框，则当用户做出了某种响应后，便给出相应的反馈信息；否则，将不显示反馈信息。

“Passing score”编辑框用于设定合格成绩(百分制)。

(8) 选择“Generic feedback”选项，打开普通反馈信息对话框，如图 6-5-13 所示，该对话框用于设置测验题中通用的反馈信息。

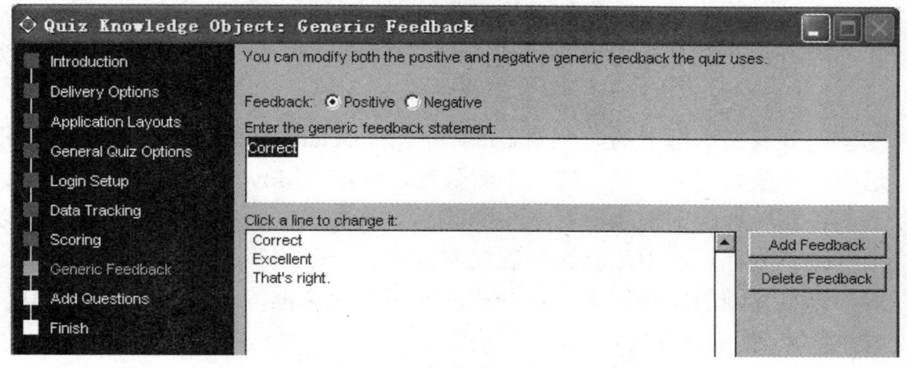

图 6-5-13　“普通反馈”信息对话框

选中“Positive”单选按钮后，在反馈信息列表中将出现默认肯定信息。

选中“Negative”单选按钮后，在反馈信息列表中将出现默认否定信息。

在反馈信息文本栏中给出反馈信息文本，单击“Add Feedback”按钮，可以增加新的反馈信息。在反馈信息下拉列表框中选中一条反馈信息后，单击“Delete Feedback”选项，可以将信息删除。

在后面将要看到的设置测验题的对话框中，如果选中“Use generic feedback”选项，则使用普通反馈信息；否则，将使用测验题中的特设反馈信息。

(9) 选择“Add Questions”选项，打开增加测验题对话框，如图 6-5-14 所示，该对话框用于在课件中添加各种类型的测验题。

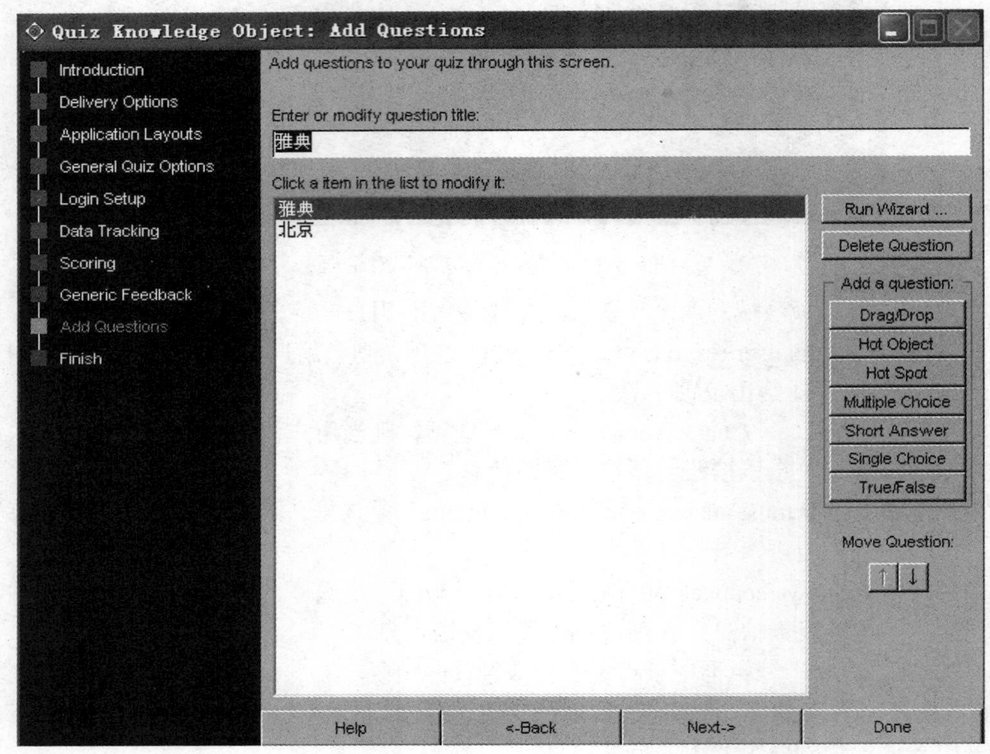

图 6-5-14　增加测验题对话框

“Add a question”按钮组中 7 个按钮，对应 7 种题型，这里设置了两个单选类型测验题：“雅典”和“北京”。

选中测验题列表文本框中的一个测验题，单击“Delete Question”按钮，可以将该测验题删除。选中测验题列表文本框中的一个测验题，单击“Move Question”的向上、向下按钮，可以调整该测验题的前后顺序。选中测验题列表文本框中的一个测验题，可以在测验题名称栏中修改其名称。选中测验题列表文本框中的一个测验题，单击“Run Wizard”按钮，可以启动该测验题的向导程序，打开相应的设置对话框，对该测验题进行具体的内容设置。

(10) 选中测验题“雅典”，单击“Run Wizard”按钮，启动该测验题的向导程序，打开其问题设置对话框，对该测验题的内容进行设置，如图 6-5-14 所示。

“Setup Question”选项用于设置问题。这里设置的问题是“2004 年奥运会举办城市是哪个?”，选中该问题后，单击“Import Media”按钮，可以为所选中的问题、答案或反馈信息配置图像、声音和视频等媒体文件。

设置正确答案及其反馈信息，如图 6-5-15 所示。这里设置的正确答案是“雅典”，正确反馈信息是“正确”。选中正确反馈信息后，可以为其配置的声音文件“鼓掌.wav”(当运行中出现该反馈信息时，将同时听到表示鼓励的掌声)。

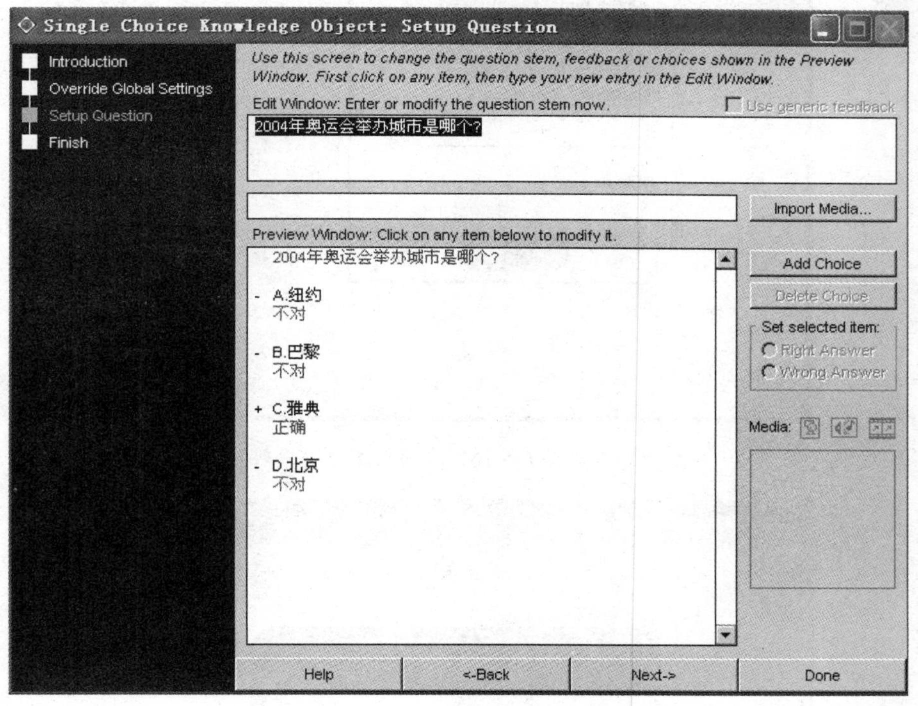

图 6-5-15　问题设置对话框

设置错误答案及其反馈信息，如图 6-5-15 所示。这里设置了三个错误答案及其相应的错误反馈信息(单击“Add Choice”按钮可以增加选项)，并为错误反馈信息配置了同一个声音文件“Wrong.wav”，单击“Done”按钮，返回图 6-5-14 所示的增加测验题对话框。

(11) 选中测验题“北京”，单击“Run Wizard”按钮，启动该测验题的向导程序，打开其问题设置对话框，可以看到这个单选题的设置内容，请读者自行查看，不再详述。

(12) 最后点击“完成”向导对话框。设置文件属性“屏幕居中”，使其在播放时居于屏幕中央。

打开本例文件夹“例题 6-5”，已经自动增加了文件 winapi.u32，这是在引用知识对象 Quiz 时自动保存并在发行时必须附带的两个文件。

运行程序，由于两个问题是随机出现的，所以每次开始运行时，首先出现哪一个问题是随机的。根据所提出的问题，选择四种答案中的一个答案，如果选择了正确答案，将得到正确评价信息，并听到表示鼓励的掌声；如果选择了错误答案，将得到错误评价信息，同时听到表示错误的声音。

单击“Next Page”按钮，可是进入下一个问题，单击“Previous Page”按钮，可以返回上一个问题，回答了所有问题后，单击“Next Page”按钮，可以看到成绩报告，如图 6-5-16 所示。单击“Quit”按钮，可以打开退出对话框，中途退出课件运行如图 6-5-17 所示。

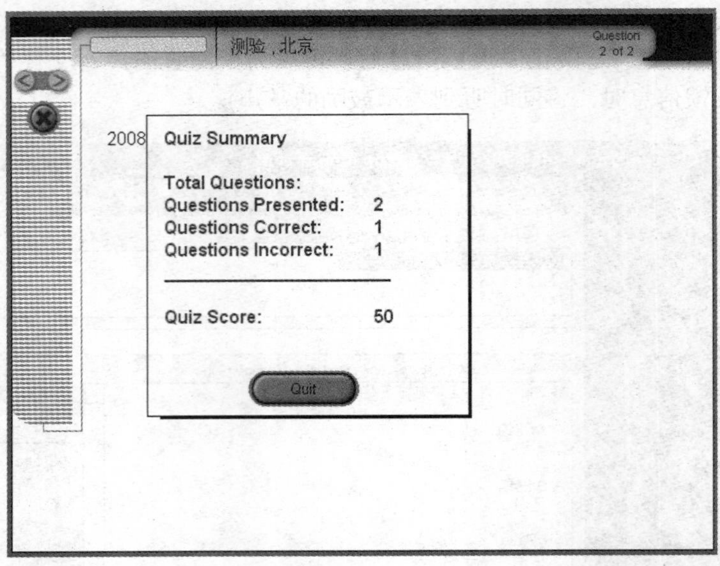

图 6-5-16　成绩报告

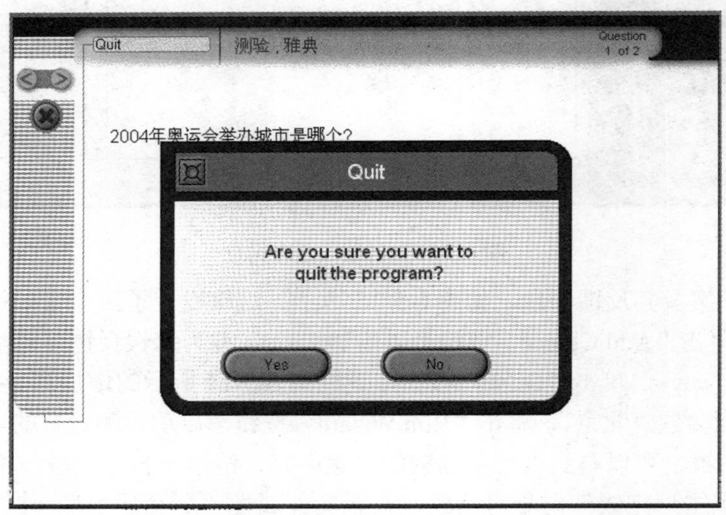

图 6-5-17　退出对话框

项目 6.6　综合应用开发

项目训练目标

综合应用 Authorware 开发多媒体作品。

拓展训练项目

综合实例《赣州旅游》制作与欣赏

本例介绍综合实例《赣州旅游》的创作过程，此作品分三个部分：宋城风貌、通天岩和现代赣州。这三部分各用一个文件编辑完成，最后通过主控程序来调用，程序运行如图 6-6-1 所示。本例演示程序及素材路径在光盘的“学习单元 6\项目 6.6\例题 6-12”，下面介绍创作过程：

图 6-6-1　程序运行

1．主控程序

(1) 设置文件属性：演示窗口大小，800×600，选择“屏幕居中”，取消其他选项。

(2) 建立显示图标“标题”，设置层为 2，防止被自动擦除；为四处文本和一个退出标示图输入相应内容，并调整它们的位置和大小。

(3) 建立交互图标“调用”，用三个计算图标分别调用三个子程序，用一个群组图标用于退出，交互类型都设为“热区”，调整热区位置与标题中相关的内容，使其一一对应，交互响应范围都设为“永久”。三个计算图标内容分别为 JumpFileReturn(“scfm”)、JumpFileReturn(“tty”)和 JumpFileReturn(“xdgz”)。退出部分包括背景图、制作者字幕、移动字幕、等待图标和退出函数，等待时间比字幕移动时间长 2 秒钟。

(4) 拖动音乐库中的图标“4”为背景音乐，执行方式为“同时”，执行次数为 100。

(5) 用判断图标“开头”建立交替变换背景。在判断图标右侧的三个群组图标中，分别导入一个背景图，其层都设为 1。判断图标属性设置如下：“重复”，直到判断为真，重复条件“False”，即永远重复；“分支”，在未执行过的分支中随机选择。

2．子程序 scfm.a7p 制作

(1) 用音乐库中的图标“1”作为背景音乐，执行方式“同时”，次数 100。

(2) 用“交互”图标建立运行控制。打开交互图标，输入一个文本和四个图形：文本为“宋城风貌”，图形包括背景图“城墙”和“链接”、“欣赏”、“返回”的指示图。

用群组图标建立热区类型交互分支“wzjs(文字解说)”，热区位置与交互图标中的文本“宋城风貌”一致，分支响应匹配设为“指针处于区域内”，擦除在“下次输入之前”。在群组图标中建立解说文字显示图标，输入文字并设置文字的大小和颜色。由于文字较多，一屏不能全部显示，再用移动图标设置文字同时向上以字幕方式移动。程序运行时，鼠标处于文本“宋城风貌”时，屏幕出现向上滚动的解说文本。

用群组图标建立热区类型交互分支“Quit(返回)”，热区位置与交互图标中的返回指示图一致，分支响应匹配设为“单击”，擦除在“下次输入之后”。在此群组图标中建立计算图标，内容为“Quit(0)”，使子程序退出后能返回主控程序。

用导航图标建立热区类型交互分支“dy(调用)”，热区位置与交互图标中的欣赏指示图一致，分支响应匹配设为“单击”，擦除在“下次输入之后”。将它导航到下面框架图标右侧第一个图标，并设置调用后返回。

用两个显示图标在交互图标右侧建立热区交互，分别输入文本“欣赏”和“返回”，使程序运行时，鼠标移至演示窗口下方的两个圆形指示图时，会立即出现提示文字。

再用一个显示图标建立“目录”，使程序运行时，光标移至演示窗口左侧会出现链接目录。目录的内容与框架图标右侧的各项一一对应，定义文本样式，设置文本链接，使目录中的一项调用框架图标右侧中的一项后能返回。

(3) 建立框架图标。将文件夹“宋城风貌”中的图像按顺序导入到框架图标右侧，编辑每个导入的画面，并输入相应文本。删除部分导航控制按钮和灰色底板，保留向前翻页、向后翻页和退出框架三个按钮，分别设置自定义图形的按钮。为了防止翻页回绕，向前翻页按钮设置激活条件：CurrentPageNum<>1(当前框架页号不等于 1，也就是说当前不是框架中的第一页，才能向前翻页)，向后翻页按钮设置激活条件：ExecutingIconTitle<>“wm2”(当前运行的图标名称不是“wm2”—框架中的最后一页)。

(4) 把完成的子程序 scfm.a7p 作相应改动，制作出“tty.a7p(通天岩)”和“xdgx.a7p(现代赣州)”两个子程序。综合运行程序，分别调用各子程序，测试每一项功能。调试完成后，四个程序都保存在同一个文件夹下。

3．打包文件和库

分别用默认文件名打包库和四个程序，打包格式可在 WindowsXP 下直接运行。打开一个子程序，执行“命令”|“查找 XTRAS”命令，查找程序所需的特效文件，并复制到与打包文件的同一个文件夹下，再将 Authorware7.02 安装文件夹下的 js32.dll、DVD.dll、AWIML32.dll、VCT32161.dll、MVoice.x32 五个驱动文件复件到打包文件的同一个文件夹下。其中缺少的前三个文件在运行打包文件时会提示出相应文件名，而 MVoice.x32 文件无从知道从哪里来，但缺少会使库中的音乐不能播放。查找此文件的方法是查阅 Authorware7.02 安装文件夹下的文件 xtras.ini，从中找出播放声音所缺少的驱动文件。将这些文件都准备好了之后，再运行打包后的文件，测试每一项功能。

4．制作光盘

将所有打包文件、链接素材、特效文件和驱动文件(图 6-6-2)刻录光盘，发行作品。为了方便读者练习，没有将图片打包成库。

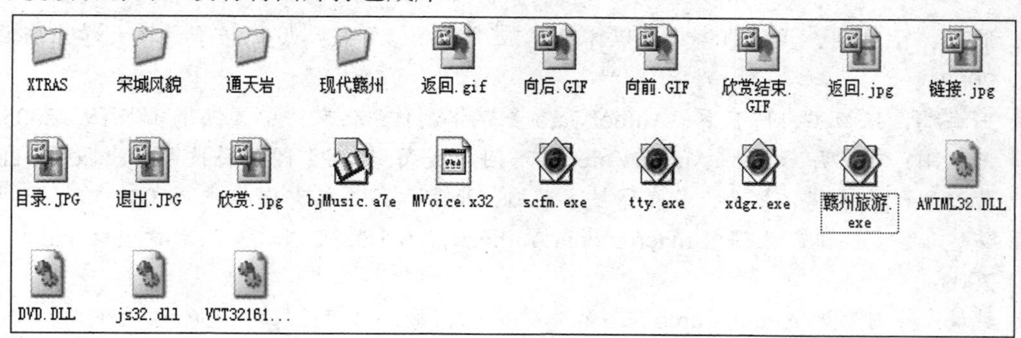

图 6-6-2　作品发行的全部文件

参考文献

[1] 熊伟，于春利，孟涛，等. 多媒体技术应用基础. 西安：西安电子科技大学出版社，2002.

[2] 王海鹏，张恒杰，陈良琴. Authorware 多媒体制作. 北京：中国铁道出版社，2005.

[3] 王东阳，何晓明，远程. Authorware6.0 入门与提高. 长沙：国防科技大学出版社，2011.

[4] 黄心渊，淮永建，罗岱. 多媒体技术基础. 北京：高等教育出版社，2003.

[5] 魏建华. 多媒体新生课堂 macromedia Authorware6.5 教程. 北京：北京希望电子出版社，2003.

[6] 赫楠. 特例设计 Authorware6.5 多媒体体完全实战. 北京：海洋出版社，2004.

[7] 陈朝，葛宁. Authorware6.0 短期培训教程. 北京：北京希望电子出版社，2002.

[8] 袁紊玉，李晓鹏，徐正坤. Premiere Pro 基础与实例教程. 北京：电子工业出版社，2004.

[9] 张家悦，陈缘，叶柏晓，等. Macromedia FIREWORKS MX 标准教程. 北京：北京希望电子出版社，2002.

[10] 覃明揆，曾全，尹小港. 新编中文 Premiere Pro1.5 标准教程. 北京：海洋出版社，2005.

[11] 中国电子信息产业发展研究院. 中国电脑教育报教育信息化版，2005 年第四季度～2006 年上半年.

[12] 洪恩多媒体教学网站——洪恩在线. http://www.hongen.com/.

[13] 张海藩. 软件工程导论. 北京：清华大学出版社，2004.

[14] 慧聪网. http://www.hc360.com/.

[15] 中国安全信息网. http://www.hacker.cn.

[16] 马费成，李纲，查先进. 信息资源管理. 武汉：武汉大学出版社，2001.

[17] 视频会议求知网. http://www.liuyong.name.

[18] 齐齐哈尔广播电视大学网. http://www.qqrtvu.com.cn/.

[19] 大学生在线网. http://www.dastu.com/2004/7-1/101127-2.html. 多媒体技术考试大纲(高级).

[20] 赣州市人民政府网. http://www.ganzhou.gov.cn/index.asp.

[21] 中国赣州网. http://gz.jxcn.cn/.

[22] 辽宁师范大学网. http://www.lnnu.edu.cn/.

[23] 动态网站制作指南网. http://www.knowsky.com/.

[24] 方正 Apabi(阿帕比)网. http://www.apabi.com/.